SAME
The Same Planet
同一颗星球
PLANET

SAME
The Same Planet
同一颗星球
PLANET

刘东 主编

被掠夺的星球

我们为何及怎样为全球繁荣而管理自然

[英] 保罗·科利尔 (Paul Collier) 著
姜智芹 王佳存 译

The Plundered Planet

Why We Must—and How We Can—Manage Nature for Global Prosperity

江苏人民出版社

献给斯蒂芬妮(1岁)和亚历山大(3岁),两个孩子将继承我们遗留的自然资产和自然责任。对于当下自然界的混乱,他们已经多少知道了一点。

总　序

这套书的选题，我已经默默准备很多年了，就连眼下的这篇总序，也是早在六年前就已起草了。

无论从什么角度讲，当代中国遭遇的环境危机，都绝对是最让自己长期忧心的问题，甚至还可以说，这种人与自然的尖锐矛盾，由于更涉及长时段的阴影，就比任何单纯人世的腐恶，更让自己愁肠百结、夜不成寐，因为它注定会带来更为深重的，甚至就根本无法再挽回的影响。换句话说，如果政治哲学所能关心的，还只是在一代人中间的公平问题，那么生态哲学所要关切的，则属于更加长远的代际公平问题。从这个角度看，如果偏是在我们这一代手中，只因为日益膨胀的消费物欲，就把原应递相授受、永续共享的家园，糟蹋成了永远无法修复的、连物种也已大都灭绝的环境，那么，我们还有何脸面去见列祖列宗，我们又让子孙后代去到哪里安身？

正因为这样，早从尚且不管不顾的上世纪末，我就在大声疾呼这方面的"观念转变"了："……作为一个鲜明而典型的案例，剥夺了起码生趣的大气污染，挥之不去地刺痛着我们：其实现代性的种种负面效应，并不是离我们还远，而是构成了身边的基本事实——不管我们是否承认，它都早已被大多数国民所体认，被陡然上升的死亡率所证实。准此，它就不可能再被轻轻放过，而必须被投以全力的警觉，就像当年全力捍卫'改革'时一样。"①

---

① 刘东：《别以为那离我们还远》，《理论与心智》，杭州：浙江大学出版社2015年版，第89页。

的确，面对这铺天盖地的有毒雾霾，乃至于危如累卵的整个生态，作为长期惯于书斋生活的学者，除了去束手或搓手之外，要是觉得还能做点什么的话，也无非是去推动新一轮的阅读，以增强全体国民、首先是知识群体的环境意识，唤醒他们对于自身行为的责任伦理，激活他们对于文明规则的从头反思。——无论如何，正是鉴于中外心智的下述反差，就更增强了这种阅读的紧迫性：几乎全世界的环境主义者，都属于人文类型的学者，而唯独中国本身的环保专家，却基本都属于科学主义者。正由于这样，这些人总是误以为，只要能用上更先进的科技手段，就准能改变当前的被动局面，殊不知这种局面本身，就是由科技"进步"所造成的；而问题的真正解决，却要从生活方式的改变入手，可那方面又谈不上什么"进步"，只有思想观念的幡然改变。

幸而，在熙熙攘攘、利来利往的红尘中，还总有几位谈得来的出版家，能跟自己结成良好的工作关系，而且我们借助于这样的合作，也已经打造过不少的丛书品牌，包括那套同样由江苏人民社印行的、卷帙浩繁的《海外中国研究丛书》。事实上，也正是在那个丛书中，我们已经推出了聚焦中国环境的子系列，包括那本触目惊心的《一江黑水》，也包括那本广受好评的《大象的退却》……不过，我和出版社的同事都觉得，光是这样还远远不够，还必须另做一套更加专门的丛书，来译介国际上研究环境历史与生态危机的主流著作。也就是说，正是迫在眉睫的环境与生态问题，促使我们更要去超越民族国家的疆域，以便从"全球史"的宏大视野，来看待当代中国由发展所带来的问题。

这种高瞻远瞩的"全球史"立场，足以提升起我们自己的眼光，去把地表上的每个典型的环境案例，都看成整个地球家园的有机脉动。——那不单意味着，我们可以从其他国家的环境案例中，找到一些珍贵的教训与手段，还更意味着，我们跟生活在那些国家的人类，根本就是在共享着"同一个"家园，从而也就必须共担起沉重的责任。从这个角度讲，当代中国的尖锐环境危机，就远不止是严重的中国问题，还属于更加深远的世界性难题。一方面，正如我曾经指出过的："那些非西方社会其实只是在受到西方冲击并且纷纷效法西方以后，其生存环境才变得如此恶劣。因此，在迄今为止的文明进程中，最不公正的历史事实之一是，原本产自某一文明内部的恶果，竟要由所有其他文明来痛苦地承受……”[①]而另一方面，也同样无可讳言的是，当代中国所造成的严重生态失衡，又转而加剧了世界性的环境危机；甚至，从任何有限国度来认定的高速发展，只要再换从全球史的视野来观察，就有可能意味着整个世界的生态灾难。

正因为这样，只去强调“全球意识”都还嫌不够，因为那样的地球表象跟我们太过贴近，使人们往往会鼠目寸光地看到，那个球体不过就是更加新颖的商机，或者更加开阔的商战市场。所以，必须更上一层地去提倡“星球意识”，让全人类都能从更高的视点上看到，我们都是居住在“同一颗星球”上的。由此一来，我们就热切地期盼着，被选择到这套译丛里的著作，不光能增进有关自然史的丰富知识，还更能唤起对于大自然的责任感，以及拯救这个唯一家园的危机感。——的确，思想意识的改变是再重要不过了，否则即使耳边充满了危急的报导，人们也仍然有可能对之充耳不闻；甚至，还有人专门喜欢到电影院里，去欣赏刻意编造这些祸殃的灾难片，而且其中的毁灭场面越是惨不忍睹，他们就越是愿意乐呵呵地为之掏钱。这到底是麻木还是疯狂呢，抑或是两者兼而有之？

不管怎么说，从更加开阔的“星球意识”出发，我们还是要借这套书去尖锐地提醒，整个人类正搭乘着这颗星球，或曰正驾驶着这颗星球，来到了那个至关重要的或已是最后的“十字路口”！我们当然也有可能，由于心念一转而做出生活方式的转变，那或许就将是最后的转机与生机了。不过，我们同样也有可能——依我看恐怕是更有可能——不管不顾地懵懵懂懂下去，沿着心理的惯性而“一条道走到黑”，一直走到人类自身的万劫不复。——而无论选择了什么，我们都必须在事先就意识到，在我们将要做出的历史选择中，总是凝聚着对于后世的重大责任，也就是说，只要我们继续像“击鼓传花”一般地，把

① 刘东：《别以为那离我们还远》，《理论与心智》，杭州：浙江大学出版社2015年版，第85页。

手中的危机像烫手山芋一样地传递下去，那么，我们的子孙后代就有可能再无容身之地了。而在这样的意义上，在我们将要做出的历史选择中，也同样凝聚着对于整个人类的重大责任，也就是说，只要我们继续执迷与沉湎其中，现代智人（homo sapiens）这个曾因智能而骄傲的物种，到了归零之后的、重新开始的地质年代中，就完全有可能因为自身的缺乏远见，而沦为一种遥远和虚缈的传说，就像如今流传的恐龙灭绝的故事一样……

2004 年，正是怀着这种挥之不去的忧患，我在受命为《世界文化报告》之“中国部分”所写的提纲中，强烈发出了“重估发展蓝图”的呼吁——“现在，面对由于短视的和缺乏社会蓝图的发展所带来的、同样是积重难返的问题，中国肯定已经走到了这样一个关口：必须以当年讨论‘真理标准’的热情和规模，在全体公民中间展开一场有关‘发展模式’的民主讨论。这场讨论理应关照到存在于人口与资源、眼前与未来、保护与发展等一系列尖锐矛盾。从而，这场讨论也理应为今后的国策制订和资源配置，提供更多的合理性与合法性支持。”[①] 2014 年，还是沿着这样的问题意识，我又在清华园里特别开设的课堂上，继续提出了“寻找发展模式”的呼吁：“如果我们不能寻找到适合自己独特国情的‘发展模式’，而只是在盲目追随当今这种传自西方的、对于大自然的掠夺式开发，那么，人们也许会在很近的将来就发现，这种有史以来最大规模的超高速发展，终将演变成一次波及全世界的灾难性盲动。”[②]

所以我们无论如何，都要在对于这颗“星球”的自觉意识中，首先把胸次和襟抱给高高地提升起来。正像在面对一幅需要凝神观赏的画作那样，我们在当下这个很可能会迷失的瞬间，也必须从忙忙碌碌、浑浑噩噩的日常营生中，大大地后退一步并默默地驻足一刻，以便用更富距离感和更加陌生化的眼光，来重新回顾人类与自然的共生历

---

① 刘东：《中国文化与全球化》，载《中国学术》，第 19—20 期合辑。
② 刘东：《再造传统：带着警觉加入全球》，上海：上海人民出版社 2014 年版，第 237 页。

史，也从头来检讨已把我们带到了“此时此地”的文明规则。而这样的一种眼光，也就迥然不同于以往匍匐于地面的观看，它很有可能会把我们的眼界给带往太空，像那些有幸腾空而起的宇航员一样，惊喜地回望这颗被蔚蓝大海所覆盖的美丽星球，从而对我们的家园产生新颖的宇宙意识，并且从这种宽阔的宇宙意识中，油然地升腾起对于环境的珍惜与挚爱。——是啊，正因为这种由后退一步所看到的壮阔景观，对于全体人类来说，甚至对于世上的所有物种来说，他们都必须更加学会分享与共享、珍惜与挚爱、高远与开阔；而且，不管未来文明的规则将是怎样的，它都首先必须是这样的。

我们就只有这样一个家园，——让我们救救这颗“唯一的星球”吧！

刘东

2018年3月15日改定

目录

前　言

在我长大成人之前，人们对大自然还没有充分的认识。今天，我们对自然界管理上的失误，已经成为广泛的共识。关于大自然管理失误的文章，博客中比比皆是，各类会议也聚焦于此，"环境研究"被安排在学校课程表的显要位置。但是在我上学的时候，这门课程被称为"自然研究"，上这门课的时候，我们都是在瞌睡中度过的。到了大学，当其他人关注自然界混乱无序的状态时，我却把关注的目光投向全球贫困和凄惨生活的悲剧上。我的父母没有遇到我有幸遇到的机会。在全球贫困中，我也明显地看到了那些同样缺失的机会。

环境保护主义看起来是那些把经济繁荣视为理所当然的人的嗜好。恢复环境秩序和消除全球贫困已经成为我们这个时代毋庸置疑的两大挑战。每一个挑战都有自己的拥护者，而且两大挑战的拥护者之间经常是相互对立的。发达国家的很多环保主义者警惕着全球繁荣的扩展，认为那样会毁灭我们的星球；与此相反的是，在更加贫困的国家，特别是最底层的十亿人，很多都警惕着环保主义，把它看作富裕国家要撤掉发展梯子的企图。我的观点有些保守，我认为自然是重要的。本书反映了我自己试图将追求全球繁荣与采取伦理道德的方式对待自然界统一起来的研究历程。正如尼古拉斯·斯特恩(Nicholas Stern)所言，在两者之中任何一个挑战面前失败了，我们就都失败了。如果我们任由自然混乱的状况持续下去，那么就会影响消除全球贫困；但是，如果我们任由世界上某个地区继续边缘化，就会影响恢复自然秩序所依赖的合作。这两个目标是被某种东西有机地连在一起的，这种东西甚至比共同失败的威胁更大。自然是最贫困国家的核心资产,如果进行负责任的管理,就会推动经济和社会繁荣的进程。但是,对繁荣的渴求正在加速对自然的掠夺。自然的有序也即对自然进行负责任的管理,能够带来繁荣,但是只强调繁荣是带不来自然的有序的。

目前,繁荣和掠夺之间的紧张形势显而易见。世界对原材料贪得无厌的需求,已经推高了自然资源和粮食的价格,达到了前所未有的高度,甚至需要一次全球金融危机来平抑高企的价格。反过来,价格升高又引发新一轮对非洲资源的抢夺,使得大量资本涌入非洲。中国作为新兴市场经济的巨人,也来到了非洲,不过没有殖民主义的企图。的确,很多拥有最底层十亿人口的国家长期以来把中国看作同盟军。但是,在富裕国家看来,中国染指非洲,不仅仅是增加了不受欢迎的竞争,而且对削弱国际社会改革非洲矿藏工业的努力带来威胁,非洲几十年来在治理方面一直存在着腐败和盘剥。中国国家主席访问非洲,带去的信息是"我们不问任何问题"。中国最后真的能将最底层的十亿人从殖民主义的泥潭中解放出来吗?还是将他们再次推向耻辱的过去?

新兴市场经济国家一方面在国外购买资源,另一方面在国内通过自己工业的发展排放二氧化碳。在今后的20年时间里,中国计划每年都建设更多的发电站,比英国所有的发电站都多。碳排放带来的威胁是让地球过热。但是,这种威胁已经变成了赚钱的生意。在新的清洁发展机制下(Clean Development Mechanism),中国的企业如果不排放更多的碳,就会得到经费,这种资金看起来就像是保护费,让人很是不安。但是,从新兴市场经济国家的角度看,最富裕国家关于污染的迟来的忧虑是很虚伪的,新兴市场经济国家只是做着富裕国家已经做过的事。如果富裕国家想要他们不那样做,就必须承担由此而产生的成本。

在富裕国家,自然资源的日益稀缺和气候恶化的不断严重,给人带来似乎要上演世界末日的阴影。浪漫主义者相信,我们必须极大地改变我们与大自然的关系，大幅度地减少消费。对于这些浪漫主义者来说，以下就是人们要面临的结果，那就是，全球工业资本主义最终受到报应，淹没在自身的矛盾之中。从查尔斯王子(Prince Charles)到街头抗议者，他们都倡导和期待人类与自然和谐相处的未来，希望人类退回到以前的田园生活中。未来的生活方式将是有机的、综合的、自给自足的、本土化的和小规模的。我们不仅要完全改变我们的生活方式，还要扪心自问，深刻反思，给世界上的其他人予以补偿，因为我们破坏了自然，因为我们使得我们的星球变得过热。

与浪漫主义者相对立的，是那些罔顾现实或逃避现实的人。如果说必定要争夺自然资源，那么重要的事情是赢得这场资源争夺战。如果在治理上仓皇失措，资源开发的合同将会拱手让给中国。我们限制碳排放会无意间威胁到我们的生活方式。气候也可能不会恶化下去，退一万步讲，未来的人会应付气候问题的。不管是浪漫主义者，还是不顾现实者，都有一半是对的。

浪漫主义者认为，我们在自然管理方面出现了严重错误，我们的实践是站不住脚的，这一看法是正确的。不顾现实者认为，现在关于大自然的说法，很多都虔诚得可笑，把富裕国家看作是恶棍无赖，把世界上其他人看作是受害者。不顾现实者在这方面的观点也是正确的。这种自我责罚是毫无道理的，也是达不到预期目的的，只会影响社会参与救助、帮助弱势人群的积极性。

但是，浪漫主义者和不顾现实者的观点还有一半是错的，尽管他们的路数大相径庭，但都会把我们带向毁灭。如果由浪漫主义者来管理，这个世界将会饿死；如果由不顾现实者来管理，这个世界将被热死。浪漫主义者对全球农业来说是一个严重的摧残，而不顾现实者则是合谋对自然资产进行掠夺。我们的决策必须适当考虑对全球贫困人口以及未来人口的责任，不能仅考虑狭隘的自我利益。简而言之，《被掠夺的星球》(*The Plundered Planet*)是给这样的读者写的：他们既不像圣人那般憎恶现代化，也不是那种铁石心肠的人，没有一点伦理道德情怀。当下的世界，大自然被过度开发利用，社会上充斥着关于保持和保护自然界的义务的说教。对此说教，人们也许变得有点不耐烦，但是尽管如此，他们依然认识到，对大自然盲目的漠视，实际上不过是给自己壮壮胆子而已，是很危险的。

大自然至关重要，而我们却将它弄得一团糟。对于生活在世界上最穷困国家的人来说，这个问题显得更为重要，因为大自然既给他们提供了难得的发展机遇，也造成了同样程度的威胁。我这本书的主题不是为了保护自然界而保护自然界，把保护自然界作为终极目的，而是如何开发利用自然界，改变那些贫困的国家，同时又不给我们这些人增加不合情理的要求。我们该怎样做？从理性的角度，我的原则是将道德情怀和自我利益结合起来，我相信，这是我们多数人的生活方式。

对于最底层的十亿人来说，大自然所能提供的机遇就是其自然资产的巨大价值。在 2005 年到 2008 年商品繁荣和财富暴增期间，仅石油开采一项，就给这些贫困国家带来了大约一万亿美元的收入。这些新增加的财富本来是可以推动那些国家的经济转型的。这次财富暴增就像是 20 世纪 70 年代那种大规模的经济繁荣的重演。直到现在，依然有很多人痛苦地反思，那次发展机遇错失了，当时自然资产开采利用所带来的收入都被掠夺一空，有些是被外国公司掠夺走了，有些是被腐败的政客掠夺走了，有些则是因为常见的短视行为而被掠夺走了。有些时候，资产掠夺会变得具有破坏性，将发展机遇变成一场灾难。正如我在本书中将要展示的，即便是 2005 年到 2008 年期间的财富狂欢，也只不过是给潜在的收入投下了一片阴影。关键的问题是能否作出足够的改变，从而避免和防止将这些财富挥霍殆尽。

2005 年到 2008 年期间的商品繁荣蕴含着巨大的机遇，同时也是一把双刃剑。主要粮食价格暴涨，给世界上一些最弱势的人以沉重的打击。在沿海大城市，贫民窟的居民按照国际市场上的价格购买食物。即便是在粮食价格暴涨以前，他们收入的一半已经用于购买食物，这样的家庭在粮价飞涨以后简直就难以生存。数百年来，饥饿的贫民窟居民一直都是政治抗议的主要力量。随着粮价的飞涨，这些国家的都市就会发生暴乱，有时政府还会被推翻，比如海地。全球农业的发展满足不了世界对粮食的需求。

使得粮食短缺雪上加霜的是气候变化。对于最底层的十亿人来说，气候不是一点一点地变热，因为他们处在气候变暖的最前沿。他们国家的气候已经很热了，多数气候分析模型都预测，他们国家的气候要比其他地区的气候恶化的速度更快，恶化的幅度更大。拥有最底层十亿人口的国家大多是在非洲，那里的气候已经恶化了。非洲的国家处于双重的考验之中，不仅要面临最严重的气候恶化，而且它们以农业为主的经济，要比富裕发达国家以工业和服务业为主的经济，对气候变化更为敏感。

不过，这也给拥有最底层十亿人口的国家带来了潜在的机遇。气候变化是由不断累积的二氧化碳所推动的，二氧化碳的排放难以控制，二氧化碳的减排更是一种自然责任。由于贫困，拥有最底层十亿人口的国家几乎没有碳排放。作为全球碳交易的一部分，这些国家与富裕发达国家一样，有着同等的碳排放权利。碳排放权的出售将成为一个新的自然资产。

从潜在的发展趋势看，自然资产带来的机遇远大于带来的威胁。大自然的威胁并不是内生的，之所以会出现，是因为很多自然资产面临着被掠夺的严峻局面。掠夺是一种经济现象，也就是说，如果措施失衡或不当，自然资产就会被开发殆尽，而自然债务会不断累积，同时一点也没考虑未来人口的利益。但是，如果能够了解经济行为，这一切都可以改变。

在一个理想的世界，研究拥有最底层十亿人口国家问题的主要科研中心应该建立在他们自己的国家。但是，在理想的世界里是没有最底层的十亿人的。在那些拥有最底层十亿人口的国家中，贫困使得当地的大学一直在国际学术共同体的边缘挣扎，其最优秀的学者都被其他国家更有钱的科研机构挖走了。因此，关于最贫困国家问题的重大研究以及如何最有利地利用自然的研究，都集中在北美和欧洲的几所研究型大学里。

牛津大学就是这些研究中心之一，吸引了来自世界各地的学者。我自己的研究团队就是这样，有着年轻的科研人员，本书的写作主要得力于他（她）们的支持。他（她）们是斯特凡·德康（Stefan Dercon），比利时人；贝内迪克特·戈德里斯（Benedikt Goderis），荷兰人；安珂·霍芙勒（Anke Hoeffler），德国人；维克多·戴维斯（Victor Davies），塞拉利昂人；丽萨·乔万特（Lisa Chauvet）和玛格丽特·迪蓬谢尔（Marguerite Duponchel），法国人；克里斯·亚当（Chris Adam）和我一样，英国人。但是，很多深入的学术思考和提升工作都是我的同事托尼·维纳布尔斯（Tony Venables）做的，本书的观点几乎没有一个不是他参与提出或我们共同讨论得出的。毫无疑问，托尼在理论思考和提升方面的贡献是显而易见的，但是在具体执行实施过程中，如果出现错误，那完全是我自己的。托尼的理论来自现代经济学研究，其表达方式虽然简明，但理论很深奥，我努力将它们变成学术圈以外的读者能够读懂的文字。

撰写一部著作需要一段安宁的时间。但是，阿莱克斯（Alex）和斯蒂芬妮（Stephanie）的意外到来，在给我们带来欢乐的同时，也打乱了我们平静的生活。就是在这样凌乱的家中，我的妻子宝琳娜（Pauline）给我构筑了一个安宁的小堡垒，从而使《被掠夺的星球》这本书得以完成。她是环境历史学家，所以我也一直“掠夺”她的思想。的确，我们俩的婚姻可能是本书更大主题的比喻，那就是：环境主义者和经济学家如何从联盟与合作中受益。

第一部分　自然的伦理学

第 1 章

贫困和掠夺

地球上最底层的十亿人已经错过了全球繁荣的机遇。对于这些人来说，当下的现实是贫困，问题是他们的子孙后代是否也同样面临着贫困的命运。世界上其他人摆脱贫困的方式是通过工业化，但是这条路子对于那些后来者是越来越困难了。工业已经实现了全球化，中国工业具有大体量、低工资的双重优势，在与这些新的谋求致富者竞争的时候，显示出超强的竞争力。如果靠农业，最底层的十亿人则没有多少希望，他们大多在非洲，那里的农业生产力已经大大落后于国际标准。全球变暖使得北美和欧亚北部大片极冷的土地逐渐适宜耕种，同时也使非洲变得更热、更干燥，从而会扩大最底层的十亿人与发达国家之间的鸿沟。外来援助也不可能拯救他们于贫困之中，因为外来援助越来越受到抨击，有时候这些抨击还理直气壮。同时，由于受到财政赤字的影响，发达国家对贫困地区的外来援助不断削减。

不过，最底层的十亿人所在的国家有一个救生索，这就是大自然。大自然具有使最底层的十亿人中的大多数摆脱贫困、实现繁荣的潜力。但是，大自然的馈赠并不是唾手可得的。人类的摇篮并不是伊甸园，而是在艰苦的环境中生长起来的，人类即便在人数很少的情况下，也努力地生存了下来。逐渐地，随着技术的进步，大自然的资源对我们人类而言变得越来越有价值。技术将自然变成了资产。不过，技术只是赋予这些资产对于社会的潜在价值。大自然中的资产没有天然的所有者，随着这些资产获得了价值，它们会引发人们对其所有权的争夺，其本身的价值会消耗在争夺的成本之中。史前的争夺非常残暴，有些人类学家认为，人类40%左右的死亡都是源于争斗。随着技术发现、赋予火石等稀有自然资源以价值后，关于资源所有权的争论将不可避免。经济学的基本原理告诉我们，争夺大自然资源所付出的努力的成本会不断加大，直到最后等同于要获得的资产的价值。就现代人来说，尽管可以使用的杀戮手段远胜于石器时代的人，但是通常来说争夺资源的方式不再那么血腥。不过，即便是非暴力的争夺，也同样适用基本的经济学原理。这些争夺对于拥有那些资产的国家来说，也会造成巨大的成本。如果开采资源的公司例行公事地贿赂政府部长们，从而获得开发利用国家自然资源的权利，那么政治力量就会变得很有价值，所有的资源都会用于获取政治权力。公共财政支出变成一种恩惠，法律和法庭变成回报支持者以及惩罚反对者的一种工具。

技术把大自然变成了资产，但是这些资产对于社会的价值还只是一种潜在的可能性。如果这些自然资产没有在争夺中消耗殆尽，确实具有一定的价值，那么对其所有权就必须进行监管。开发利用自然的挑战可以概括为一个简单的公式。全世界，特别是最贫困的国家，都必须掌握这个公式，这就是：自然＋技术＋管理＝繁荣。

但是在最底层的十亿人生活的社会中，即便技术进步持续不断地对他们所在国家的自然资源赋予越来越多的价值，这个监管公式通常都没有得到实施。刚果民主共和国（Democratic Republic of the Congo）的钶钽铁矿有着巨大的藏量。手机发明以后，钶钽铁矿一时洛阳纸贵，因为这种矿物质是手机制造所必需的元素。由于炼铜技术的改进，赞比亚（Zambia）以前不具有经济效益的矿石现在有了冶炼的价值，可以带来盈利。但是，技术进步并不总是忠实的朋友，它可以增加价值，同样也会减少价值。硝酸盐和鸟粪被誉为19世纪的石油，技术的发展已经研发了替代品，今后也会为石油开发新的替代品。技术可以把自然变得丑陋不堪，比如，为我们提供廉价能源的技术，也同时配送给了我们让地球变暖的二氧化碳。

技术的花样翻新固然是一个问题，但关键的问题是监管的缺失。从世界范围来看，受全球危机的影响，越来越多的人现在更加意识到监管的必要性，因为全球危机正是金融市场的监管不力造成的。金融市场失衡的根源在于经济学家对市场监管的敌对，这种敌对已经远远扩展到金融市场以外的其他领域，因为我们都对市场的魔力太过热情了。我记得，当世界银行的约瑟夫·斯蒂格利茨(Joseph Stiglitz)让我负责其研究部门的时候，我听了一个讲座，讲座的内容是商品市场上为什么不能有监管安全标准。不过，该行业逐渐勉为其难地认识到，其反对监管的理念是有点过了。如果没有监管，自然资源的价值潜力就不能实现，而且，自然的一些负面影响会变得非常危险，比如二氧化碳就被人称为“大规模杀伤性武器”。

监管首先需要好的政府治理。地球上的自然资产大多数位于世界上 194 个政府控制的地面之上或地面之下。这些政府无论是执政能力，还是执政理念，都有很大的差异。认识地球上的陆地资源，一个简便的方法是将其平均分为四等份。经济合作与发展组织是富裕国家的俱乐部，其成员都是发达国家，经济总量占全世界的 80%。但是，即便经济如此强大，这些国家也仅占地球陆地面积的 1/4。与此相对应的是那些错过了经济发展机遇的国家，也就是最底层的十亿人，他们的经济规模仅占全世界的 1%，但是，他们的土地面积也占全球的 1/4。地球陆地面积的第三个 1/4 是中国、俄罗斯及其卫星国家。最后的 1/4 土地上包括其余的国家，主要是那些新兴的市场经济国家。不论是在哪个 1/4，全球的自然秩序都是资源开发掠夺政策与有效监管相博弈的结果。

资源监管需要好的政府治理，但是在大多数拥有最底层十亿人口的国家，政府治理非常差。由此造成的后果可以用另一个简单的公式来表示，即自然＋技术－管理＝掠夺。在最贫穷国家自然资产开发利用的历史上，掠夺一直是主旋律。那些自然资产本来应该是最贫穷国家摆脱贫困的救生索，现在则白白丧失了发展的机遇。尽管经济学基本原理认为自然资产的价值是在对资产占有的昂贵争夺中平均分配的，但是如果进行更深层次的分析，就会发现对自然资产进行争夺，结果可能会更加糟糕。经济学基本原理预测的成本只是针对自然资产争夺的参与者，而没有考虑到局外人。由于自然资产争夺带来的潜在危害，自然资产的发现就可能变成一种诅咒。面对自然资产的掠夺，拥有最底层十亿人口的国家是最脆弱的，但是即便是中等收入的国家也是很危险的。墨西哥前总统埃内斯托·塞迪略(Ernesto Zedillo)就把当今的墨西哥社会看作是一个悲剧，其中石油资源的发现就难逃其责。石油资产本来是可以振兴墨西哥经济的，但却把墨西哥拉入了贫穷的深渊。

在 OECD 的富裕成员国中，也会发生自然资产管理不善的情况。从国家层面看，自然资产的管理通常来说是令人满意的，但是这仅局限于单一的国家之内。有的时候，自然资产并不是严格遵守国境线的。有些自然资产及其影响是全球性的，比如海洋里的鱼和大气中的碳，这就自然而然地发生资产掠夺。事实上，对这些全球资源最有激情的掠夺者，是那些富裕国家的公司和商人。管理是必需的，但是多数经济学家持怀疑态度。他们的质疑也不是没有道理，因为管理规则并不是柏拉图守护者(Platonic Guardians)制定的——可以正确无误地引导着我们社会的发展，而是各种政治力量博弈和平衡的结果。一个功能运转正常的民主国家制定的规则是多数国民所需要的，但是人们需要什么样的规定，首先取决于他们的理解能力。我写作《最底层的十亿人》(*The Bottom Billion*)这本书，主要是因为我认识到，除非更好地了解最贫穷国家的明显问题，民主国家的政府就只会实行“姿态政治”。在政府治理中，优先采用的是那些听起来和看起来都很好的政策，而那些有效的政策由于太过复杂而不为人赞成。在民主国家，与其说是管理自然界，不如说是更好地理解自然界，理解自然界为什么需要管理，从治理自然的管理规则中，人们可以看到自己对于自然资产的误解。

在富裕国家，经济实现了几十年前所未有的增长，引发了快速的社会变革，宗教信仰逐渐式微，此时，大自然就变成了最后的庇护所。这个庇护所正处于围攻之中，受到科学技术进步的威胁。“现代化的诞生”一般来说可追溯到 1815 年，正是拿破仑战争结束的时候。此后不久，人们就认为大自然是现代文明的对立面。1821 年，法国德裔哲学家霍尔巴赫勋爵（Baron D'Holbach）写道：“人类不幸福，只是因为不了解大自然。”如果我们重新回到大自然，我们就会从精神病医生的治疗榻上走下来。经济繁荣使我们离大自然越远，我们就越要求政府保护大自然不受科技的开发。这个问题中的情感越强烈，受到的关注就越多，比如干细胞研究和转基因粮食。

农业是最直接依赖大自然的经济活动，已经受到这些情感因素的影响。但是，普通民众的误解为特殊利益集团提供了油水很大的发展机会。监管不仅是保护大自然，还对自然资产进行再分配。利益集团可以对监管进行操纵，使之对自己有利。在富裕国家，农业游说集团就是在公众对大自然误解的基础上发展壮大的，而且在我们援助项目的推动下，这种误解已经扩展到非洲。在发展中国家，小型农户保持着自己的有机种植，实现自给自足的生产，采取家庭的组织方式，被看作是前科技时代、前商业时代和前工业时代最后的生活化石，是需要保存的“农民”生活方式。工业生活方式体现着我们经济的发展，而农民生活方式则体现着他们经济的停滞。随着两种生活方式的渐行渐远，农民的牧歌田园已经成为和谐生活的象征。非政府组织（NGO）一方面致力于消灭贫困，另一方面得到富裕国家的资助，所以它们的发展体现着富裕国家对环境问题的关切。因此，在看待当地小农经济问题上，非政府组织的态度是分裂的：它们既想要变革发展，也想要保留保护。

如果我们今天限制干细胞研究，受害者将是明天的绝症患者。但是，如果实施反对科学、支持农民生活方式的农业管理规则，受害者将是今天的穷人。由于遏制技术进步，阻碍非洲农业商业化，粮食价格已经高涨，而粮食是贫穷家庭最主要的开销。所以，前面说的公式最终演变成这样：自然＋监管－技术＝饥饿。

环保主义者与经济学家的对抗？

环保主义者和经济学家之间的关系就像猫与狗之间的关系。环保主义者把经济学家看作唯利是图的人，充满着贪婪，是财富的谄媚者和吹鼓手，那是不可持续的。经济学家则把环保主义者看作浪漫的反动派，因为这些环保主义者希望让奔驰的经济列车刹闸，而经济发展的列车最终是要减少贫困的。

本书所持的观点是：环保主义者和经济学家是相互需要的。他们之所以相互需要，是因为在正在走向失败的一场争斗中，他们是站在同一个战壕里的。自然界正在被掠夺，自然资产日趋枯竭，自然问题积重难返，环保主义者和经济学家都认为这一困境是不合伦理道德的。但是，两者深层次的联盟要比单纯地避免争斗的失败重要得多。环保主义者和经济学家需要进行更加理性的合作。

帕萨·达斯古普塔（Partha Dasgupta）是剑桥大学的经济学家。2009 年，他就学术界如何分析自然界进行了综合考察。他的结论是：自然界依旧"游离于当代主流经济思潮之外"。即便是经济学家在学术研究中把大自然考虑进去，他们也只是把它看作一种资产，与其他资产没有什么两样。在他们眼中，自然资本只不过是资本市场的一部分，其作用是为人类谋取利益。

自从尼古拉斯·斯特恩勋爵（Lord Nicholas Stern）的报告《气候变化经济学》（*Economics of Climate Change*）发布以来，自然界的另一幅面孔，也就是其变暖的一面，突然间撞击着主流经济学家的神经。斯特恩勋爵敦促全社会给予足够的重视，要求学术界关注全球变暖造成的损失以及减缓气候变暖的措施。由于经济学家在分析全球变暖方面采取了不同的分析模型，因此给出的结果也是千差万别，所以经济学家的观点是见仁见智，聚讼不休。但是，正如斯特恩所强调的，关键的问题不是技术上的，而是伦理上的。政策的制定应该充分考虑当代人对未来子孙后代的责任。不过，主流经济学所秉持的伦理框架忽视了权利，所以对自然的分析是不恰当的，因此对气候变化的研究也就出现了差错。在自然界的伦理学中，权利是核心的，既有当下人们的权利，也有未来人们的权利；既有我的权利，也有你的权利。环保主义者对此有着最基本的洞察力，而这是经济学家所忽视的。大自然是特殊的，我们对于自然界的权利与我们对于人造的物质世界的权利是不一样的。经济学家需要这种洞察力，对他们利用自己模型所形成的伦理判断进行重新思考。

经济学家需要注入伦理道德的血液，这在多数人看来，一点都不奇怪。调查数据显示，经济学专业的学生比其他专业的学生更加注重个人利益。出现这种情况，要么是经济学专业吸引了自私的人，抑或更加糟糕，经济学专业灌输滋长了人的贪婪。事实上，经济学家认为，人们只是对自己的利益感兴趣，是自私自利的，但是吊诡的是，经济学家在判断整个世界的时候，所依据的却是一个没有任何私心的道德框架，是完完全全的功利主义①。功利主义思想为经济学家所采用，是一种严格的、普遍的价值体系，这种价值体系是不可能对人提出什么要求的。根据这一价值体系的判断，所有的人都是自私的。经济学家用来判断世界的价值观，与他们认为普通民众所持有的价值观之间，是有鸿沟的。鉴此，很多经济学家认为不能给予普通民众充分的信任，这些民众不会维护未来一代的利益，因为他们是逃避和不顾现实的人。经济学家认可柏拉图的思想，即理想的政府应该由睿智的监护人组成。当然，这些监护人必须是经济学家，而不能是哲学家。由于采取践踏民主的原则，经济学家给自己挖了个坑，使自己陷入了更深的道德泥淖之中。他们的解决办法也是不现实的，因为政府的优先政策不可避免地会反映国民的意愿。

但是，即便是在这个方面，经济学家也有很多东西需要向环保主

---

① 经济学上的功利主义指的是坚持经济效用最大化原则，达到将财富用于使更多的人获得最大幸福的目的。——译者注

义者学习。现代环境保护论的奠基著作之一是费厄菲尔德·奥斯博恩(Fairfield Osborn)的《我们被掠夺的星球》(*Our Plundered Planet*)。这本书初版于1948年,那时,奥斯博恩担任纽约动物学会的主席,他期待用他的书警醒广大民众,不要以不可持续的方式开发利用大自然。

我的这本《被掠夺的星球》,建议对环保主义者和经济学家所持的实用价值体系进行整合。环保主义者正确的一面是:每一代人对于自然资产都有不同于其他资产的责任;而经济学家正确的一面是:大自然是一种资产,是用来为人类谋取利益的。我们不是自然界的"保管人",承担着单纯保护自然的终极责任。我们没有保护每一只老虎、每一棵树木的伦理义务。我们只是自然资产价值的"监护人"。我们在伦理道德上有着这样的义务,要把我们从过去继承下来的自然资产等值地传给下一代。诚然,自然界赋予我们毋庸置疑的责任和义务,但那些责任和义务基本上都是经济上的。

如果实现环保主义者和经济学家的联盟,那么遇到的共同敌人是逃避现实者和浪漫主义者。逃避现实者会将自然资源掠夺殆尽。有的时候,这种掠夺呈现的形式一眼就可以看出来是不道德的,是不合乎伦理的。但是,更为常见的是,看似一个合法的行动,其造成的真正后果需要到一系列的决策链中仔细梳理,才能略悉一二。所以,自然资源的掠夺在多数情况下,是察觉不到的。在拥有最底层十亿人口的国家,决策链往往很复杂,但是决策链的最终结果是,自然资产被攫取,却没有为普通大众带来可持续的利益。在富裕国家,有些资源开发活动一直畅行无阻,直到最近才为人侧目,但是已经累积了很多的自然问题。不论是哪种情况,双方在很大程度上都对自己的责任懵然无知。浪漫主义者主张不开发自然界,保留其原始面貌。自然资产是最底层的十亿人的救生索,在浪漫主义者看来,这个救生索,永远不能被利用。

最贫穷的国家需要快速的经济增长,这就在消除贫困和保护自然之间造成了潜在的紧张关系。环保主义者一直强调,经济发展必须是可持续的，这是对的，但是经济学家提出了自己的真知灼见，认为可持续发展并不一定意味着资源保护。如果环保主义者坚持保护自然界的每一种自然资源，他们就会发现，在消除全球贫困的战争中，他们站到了错误的阵营里。

不管是资源掠夺派，还是浪漫主义派，其理论在社会上都很流行，这恰恰是因为普通民众对于大自然带来的机遇和威胁了解得不充分。但是，面临大自然的机遇和威胁，政府不得不实行有效的监管。为了让普通民众充分地了解信息，首先要做的一点是让社会上秉承不同价值观的人们都能够理解并接受自然伦理学的观点。由环境决定论而演绎出的浪漫主义者认为大自然本身是终极目的，由经济功利主义演绎出的博爱论者则显得刻板寡恩，这两者都不能为自然伦理学提供一个基础。最难打赢的战争是那些在两条战线都必须作战的战争。如果只有一个敌人，战争就会相对容易些，从心理上也更容易接受。如果在一个横向轴上排列人们的观点，那么一头是好的、正确的观点，另一头则是坏的、错误的观点。不管是环保主义者中的浪漫主义者，还是经济学家中持功利主义的柏拉图守护者，都把自然当作是单条战线的战争。浪漫主义者把经济增长看作敌人，柏拉图守护者则把普通民众的价值观看作敌人。但是，经济发展中的大部分争斗并不是那样的，在那个横向轴上，越往中间，越有理智，在两个极端则没有。援助就是这样的例子，它既不是灵丹妙药，也不是洪水猛兽。

在本书中，我将努力把对大自然及其资产的开发利用看作一场在两条线上作战的战争，将目前的无主之地变成一个除了浪漫主义者和逃避现实者外，所有人都感到舒适的地方。浪漫主义者和逃避现实者都打感情牌，前者宣传的是愧疚、敬畏和乡愁，后者宣传的是贪婪、欲望和乐观主义。但是，魔鬼并不需要总是唱最动听的歌。关键的问题都是难啃的骨头，重要而棘手问题的有效方案一直就在那儿，在横轴的中心。

第2章

自然是无价的吗？

一个小孩流着义愤的眼泪，引起了人们的注目。这个小孩名叫丹尼尔，8岁。他刚刚听说巴西热带雨林的事，立马情绪激动起来，表现出一种政治的愤怒。他的愤怒不是对着他的父亲，而是对着我，他把我当作成年人的代表，认为我们这一代摧毁了对他们来说珍贵的东西，但是以他现在这个年龄，又无法阻止我们这一代。在哭泣和愤怒中，他喊道："我告诉总统去。"丹尼尔从电视上看到过我，一定是高估了我的影响力。总起来说，8岁的孩子并不总是能有正确的判断，丹尼尔也不例外。但是，这一次，丹尼尔发的是正义之怒，在争夺自然资产的战场上，这对父子在伦理道德上站在了一个战壕里。

首先，看看左派的观点。我同意环保主义者关于大自然是特殊的这一观点，在某种程度上，我们多数人是认可这一点的。但是，大自然为什么特殊？主流环保主义者，比如史都华·布兰德（Stewart Brand），提供了一个答案。大自然特别脆弱，认识到这一点很重要，因为人类依附于大自然，所以人类也很脆弱。但是，正如布兰德所说，很多环保主义者都背负着意识形态的包袱，而这却是需要摈弃的。对于浪漫的环保主义者来说，大自然从某种程度上在道德伦理方面是高于经济活动的，经济活动都是些世俗的生意，不能与大自然同日而语。

作为对霍尔巴赫勋爵现代焦虑的回应，环保主义者认为工业资本主义已经使我们离开了自然界，这个自然界正在快速地毁灭。在环保主义者的话语体系中，充斥着诸如“有机”“整体性”等词汇，你可以从中感觉到他们对于现代工业社会的不安。关于霍尔巴赫勋爵所讲的主题，可以观看一下查尔斯王子在 BBC 的 2009 年知名迪布利讲座（Richard Dimbleby Lecture）上发表的演说。

也许，人类需要返回到更加简单、没有工业的生活方式。18 世纪是工业化之前的最后一个世纪，查尔斯王子按照 18 世纪的风格，创建了一个名叫庞兹波利（Poundsbury）的村镇，生产有机食品。最为极端的浪漫主义环境论者持更为激进的观点，在他们看来，人类已经成为真善美的敌人。持有这些想法的人现在相当多，他们甚至期待人类灭绝的那一天。他们认为，只有到那个时候，大自然才能得以恢复。人类消亡之后，地球才能复苏，这一信念吸引着众多的拥趸。环保论者中的浪漫主义人士好像是要以牺牲工业社会为代价，来保护自然，其中那些极端的人甚至要以牺牲人类为代价。

谁拥有自然

我怀疑丹尼尔是否是一名浪漫主义的环保论者。很显然，他的愤怒不能归咎于对现代工业社会的不满。我倒是希望他对现代工业社会有一点反感，因为他的房间里到处充斥着废物。当然，他为雨林感到焦虑不安，因为雨林是不可替代的。但是，他之所以感到愤怒，是因为他觉得自己的权利受到了侵犯。孩子们对自己的财产所有权都极为敏感，他们知道哪些东西是他们的，通常就希望能拥有它们。但是，丹尼尔为什么认为他对巴西的热带雨林拥有所有权呢？毕竟，这小家伙从来没有见过雨林啊。他每天都看到我们邻居的新汽车，那个新汽车与我们自己破旧的汽车形成了鲜明的对比，但是，他也没对那辆新汽车提出所有权要求啊。丹尼尔对巴西雨林提出权利要求，是因为巴西雨林是一种特殊的资产，是自然资产。自然资产特殊的地方是其所有权。自然资产没有天然的所有者。这一观点有着深远的影响，比如气候变化,也是这种情况。但是,首要和最为重要的是,这一观点将政府置于行动的核心。

自然资产的所有权属于整个社会,但是就人造的资产来说,最初的所有权是直接赋予制造者的,比如说,制造汽车的公司首先拥有汽车的所有权,当然,公司可以把汽车卖给我。由于所有的资产权利都源于社会建构,所以我们能够而且应该对所有权施加各种限制。比如,尽管制造汽车的公司拥有那辆汽车,但是如果出售并获得一定的利润,那么其中一部分利润应该属于政府。赋予资产制造者以产权所有权,这一理论在伦理和实践上都具有重要意义。从伦理上说,资产创造者在创造资产的过程中付出了劳动和精力;从实践上说,如果新制造的资产在制造出来后马上就被其他人没收,那就会打击人的积极性,也不会再有人制造新资产了。正是由于这些原因,所有的政府都大力支持将资产的所有权赋予资产制造者,当然原始共产主义社会除外。

人造资产的所有权情况就是这样。但是,自然资产就不同了。从定义上来看,自然资产不是人造的。有些人认为,自然资产是上帝创造的,其他人认为自然资产的产生纯属偶然。不管怎么说,自然资产的创造过程并没有对谁应该拥有它提出任何参考建议。前面说过,由于技术的发现,自然物质会增加自身价值,那么技术发明者对于受影响的自然资产拥有所有权吗?比如诺基亚公司,这家芬兰公司率先开发制造了手机,它应该被赋予非洲钶钽铁矿的所有权吗?世界汽车制造商应该对世界上的石油拥有所有权吗?这样的诉求,从伦理道德上来看一点都不合适。自然资产根本没有天然的所有者,因此各个社会都可以根据自己的意愿来任意分配他们对自然资产的所有权。获得自然资产所有权的过程具有重大的经济意义,它不仅会影响收入的分配,还会影响生产的效率。设想在一个社会中,如果没有政府的存在,就不会有权威机构对自然资产进行赋权。

在当今社会中,对自然资产的物理控制是至关重要的,这就引发了三个问题:分配不均、寻租、不确定性。资产分配不均产生的原因,部分是因为弱肉强食，但也有运气的成分。如果我们从实力和运气两个维度来对人进行分类，那么运气好的、实力强大的人，将获得更大比例的自然资产。“寻租”是个术语，指的是采取包括暴力等在内的方式，获取资产所有权。根据经济学基本原理，自然资产的价值从技术上看都是可以不劳而获的租金，如果付出努力去“寻求”那些租金，就会得到自然资产的价值。因此，由于出现了成本支出，自然资产的潜在社会价值就被浪费掉了。在有效监管缺失的情况下，对于能否维持对某种自然资产的已有控制，必然会存在不确定性。由于管制措施是暂时性的，所以人们都是尽快地将资源开发殆尽，即便是所花费的社会成本比正常的要大。由此造成的后果是，那些容易找到的自然资产就会很快地被掠夺一空。美国人对此深为了解，美国西部刚开始开发的时候，虽然人烟稀少，但是一大群一大群的野牛很快就被猎杀，到了灭绝的边缘。

2008年，我看到另一个自然资源掠夺的案例。当时，我乘着一家俄罗斯直升机，在螺旋桨的轰鸣中盘旋在海地岛（Hispaniola）上空。海地岛又名伊斯帕尼奥拉岛，是哥伦布在美洲发现并命名的第一个岛屿。现在，这个岛从中间分为两个国家，一个是多米尼加共和国（Dominican Republic），一个是海地（Haiti）。多米尼加共和国有着很好的政府治理，而海地长久以来无异于治理不善和腐败的代名词。事实上，在农村地区，政府的角色依然是忽略不计的，没有任何作为。海地的北海岸，也就是我乘直升机飞越的地方，是游船最为青睐的目的地，但是很多游客并不知道他们登陆的是海地的海岸，因为宣传册上所描述的名字依旧是伊斯帕尼奥拉岛。我去那儿是因为当时的联合国秘书长潘基文（Ban Ki-Moon）读过我的书《最底层的十亿人》。他认识到，海地存在着很多我分析过的问题，于是就派我去那儿，希望我能有所帮助。海地曾经有一种自然资产，也就是它的森林覆盖。但是，这些森林植被不复存在了。飞越海地上空的时候，我眼前所见的都是光秃秃的山峦，视线所及，除了裸露的山川，就是更加裸露的山川，接着突然之间，就看到了树木、树木以及更多的树木。原来是直升机飞过了国境线，到了多米尼加共和国的境内。边境线那边的海地，森林覆盖率只有 2%，而这边的多米尼加共和国，森林覆盖率是 37%。伊斯帕尼奥拉岛并不大，出现森林覆盖率差异的原因不是气候变化。事实上，在 20 世纪 20 年代，海地 60%的土地都覆盖着森林。主要的原因是政府治理，在没有财产权利安全的保证下，海地的森林都被掠夺殆尽了。

野牛和树木是很脆弱的自然资产，原因是它们都容易暴露于视线，而隐藏起来的自然资产则有着相反的命运，因为人们看不见，所以就忽略了。那些隐藏着的自然资产如果被勘察发现，将很难得到保护，所以人们进行勘探的积极性不高。如果等着别人去发现这些隐藏的自然资产，然后再用武力或强势抢夺过来，那就会更划算些。正是这个原因，那些自然资产一直养在深山人未知。事实上，由于失去对自然资产控制这个过程非常令人痛心，因此发现那些埋在地下的自然资产的人，都避免让人注意到他们的发现。

有价值的自然资产，比如石油和铁矿石，如果不被发现，就会一直深藏在地下。这些资产有一个术语，叫地下资产（subsoil assets）。2000 年，世界银行对全球地下资产编列了一个清单，给每个国家已探明的矿产分门别类地收集了数据。比如，安哥拉（Angola）已经在其国土上发现了数千万桶的石油储量。然后，世界银行将每种矿产的已知储量乘以当前的国际价格，从而评估出每个国家自然资产的总价值。难以避免的是，有些国家在自然资产的储量上比其他国家更为幸运。比如，文莱（Brunei）和科威特（Kuwait）就有着巨大的自然资产，而且人口很少，两个国家的国民都很幸运，从出生就是百万富翁。更为明显的是，这份报告显示，自然资产在世界上的分布极不均衡。

很显然，运气是重要的因素。那些小的国家或是发现自己屁股底下有着一口富有的油井，或是发现自己一无所有。但如果是在一个足够广袤的地理区域内，运气成分就慢慢淡化了。前面我们说过地球可以四等分。以那么大的四等分区域为单元，如果彼此之间还有巨大的差异，那将是很令人惊讶的。即便是某一种自然资产在一个特定的区域较为集中，我们仍然可以有所期望，因为按照平均的法则，其他区域更有可能拥有其他的自然资产。你可能认为运气不复存在了，但实际上不是。我和我的同事安珂·霍芙勒认真分析了世界银行在2000年发布的自然资产报告，从那些数据里有了一个简单但极为重要的发现。在揭示这个发现之前，我想先谈谈美国西部大开发的事。

美国西部大开发的时候，政府能起的作用很小。因此，美国政府对于勘探地下资源采取了与众不同的政策措施，简而言之，就是实行“谁发现谁拥有”的规定。如果有人发现了地下资源，政府就会将该块土地的特许证颁发给资源发现者，发现者也就拥有了其发现的矿藏。

与没有法律规定相比，“谁发现谁拥有”的规定也许在很多重要的方面都有很大的进步，但也导致了不必要的不平等，还有可能存在效率低下的问题。造成不平等的后果，是显而易见的。我妻子的曾叔父曾碰巧发现了金矿，他的后人依然沐浴着先祖的恩泽，生活富足，而有的掘金者则命丧寻找金子的途中。自然资产的价值，或者至少是除去开采成本后的收益，都是属于资源勘探和开采者的，没有在更大范围内进行分配。

效率低下则较为微妙。情况是这样，如果在一些地块上有幸勘探到自然资产，那么在相邻的地块发现自然资产的几率就比较高。最为投巧的赢利战略是：尽可能多地获得地块，然后任其荒芜，直到有人在附近地块勘探发现了自然资产。那些任其抛荒的土地拥有者实际上是免费搭乘别人勘探的便车，占有其他人的劳动果实。这就滋生了淘金热经济学。整片土地可能好多年都无人问津，接着在第一次发现金矿以后，迅速地实现了繁荣。不论是在土地闲置时期，还是土地繁荣时期，效率都是低下的。出现土地的闲置，主要源于一个典型的公共产品问题：因为知识是一种公共产品，而且没有人会甘冒风险，愿意承担获取知识的成本，所以结果必然是个僵局。终于，有一个幸运者发现了矿藏，然后其他人蜂拥而至，从而降低了彼此发现矿藏的几率。经济学基本原理中有这样的残酷预测，只要预期收入大于资源勘探和开采成本，人们就会不计金钱和时间投入，一直去寻找自然资产。随着众多淘金者的涌入，每个人发现金矿的可能性就减少，多数的淘金活动变得徒劳无功。资源勘探开发的全部成本几乎逼平开采资源的价值。因此，“谁发现谁拥有”的政策规定就会使得私有勘探者面临一个收益低于其社会价值的漫长时期，接着会迎来一个私有勘探者的回报高于其社会价值的短暂时期。

为了避免发生野牛被捕杀殆尽的命运，或者出现淘金热中效率低下以及不平等的情况，美国以外的国家采取了别的办法，实行自然资产的所有权为集体所有。集体行动的顶端是政府，因此政府最后决定着自然资产的命运。这就使得政府的作用凸显出来。正如每一个标准的经济学教科书所展示的，现代经济学都会论述产品生产，但很少谈政府的作用。产出是由劳动和资本带来的，这类经济活动是由公司管理的。由于政府与经济分析无关，因此就处于边缘地位。但是，在对自然资产的有效管理方面，政府则起着核心作用。

政府的职能变大了，但是，政府应该怎么做呢？政府必须管理好自然资产，因为它不能回避自然资产最初所有权的责任。尽管从这个方面说自然资产有不同于其他资产的地方，但是在其他两个方面与别的资产是一样的，这就是资产的枯竭和价格的变动不居。管理自然资产的枯竭和价格变动，并不是件容易的事。如果在金融资产行业做相类似的决策，那就会支持一个巨大产业的发展。比如，纽约和伦敦的很多收入都是从金融产业获得的。与此相反，尽管对自然资产的管理至少也遇到同样复杂的问题，但是作出这方面决策的并不是一批精英和专家（当然我们现在非常怀疑所谓精英和专家的水平），而是政府部门，而且很多政府是世界上最不称职的政府。

毫无疑问，确定自然资产的社会所有权是一种价值赋予活动，所以就很容易出现寻租行为，或者更通俗地说，猪肉桶政治（pork-barrel politics）。这种政治会让社会功能严重失常，以致该社会由于试图管理其自然资产而最终变得比不管理自然资产还糟糕。关键的问题是如何避免这类猪肉桶政治。

当然，在一个民主国家，政府对选民是负责任的。但是，如果你要成为一名选民，你首先必须是一名公民，而且，必须是一名成年人。至于丹尼尔要对巴西热带雨林的命运发表意见，他在两个方面都是不合格的：既不是该国的公民，也没有达到法定的年龄。虽然我不认为应该给予丹尼尔在巴西投票的权利，但是我还是明白他要说的话的含义。这就是，巴西的热带雨林难道是现在的巴西国民所拥有吗？

提出谁拥有巴西雨林这个问题，实际上是混杂了两个截然不同的问题，一是巴西人和我们，二是现在的巴西人和未来的巴西人。这两个问题都很重要。巴西选民有权决定巴西热带雨林的权利吗？也许，拥有决定巴西雨林权利的人的范围应该更大一点或更小一点。更大一点的意思是，如果我们认为热带雨林对整个世界都很宝贵，那么拥有决定巴西雨林权利的人就不应该仅仅局限于巴西人。正是为此，丹尼尔的小脑袋里才感觉到自己的权利受到了侵犯。但是，还有些激进的人认为，应该缩小决定雨林命运的人范围，因为雨林是属于当地居民的，是他们同心协力保护了雨林，而且也依赖雨林。所以，问题就归结到这儿，决定雨林的权利应该赋予哪个层次，当地人，巴西人，还是全球人？对于这个问题，我们需要一个道德伦理框架。作为一名经济学家，我一直秉承的道德框架是功利主义框架。

最大的幸福，最多的人口

在功利主义看来，最重要的是让“最多数的人获得最大的幸福”，这是道德行动的基准。现代经济学已蔚为大观，发展成为一个庞大而复杂的学术领域，对于每个社会如何更好地设定自己的目标所遇到的困难进行了全面、深入的研究。但是，当遇到现实的具体问题时，经济学所有的复杂性都要靠边站，因为我们就是要运用所掌握的专业知识来解决如何让某些东西最大化问题。功利主义就是致力于解决这个问题，将人类的幸福最大化。在解决一个具体问题时，比如怎样赋予自然资产所有权，功利主义经济学就是将每一个人的幸福，抑或是福利，加起来。为了求出这些福利的总和，功利主义经济学需要做一些假设。主要的假设是，每一笔具体的收入，比如说每个月 4 000 美元，对于每个个体来说，都能产生同等的福利，而每多增加 1 美元所带来的福利，比上 1 美元所带来的福利要少。

实际上，这个道德伦理框架是相当激进的。就一块给定的蛋糕来说，理想的分配方式是既全部分完，又完全平等。这样就会实现让"最多的人获得最大的幸福"的目标，或者说，按照经济学家所表述的，实现"效用最大化"。这是因为，一位富人所花费的最后 1 美元比穷人所花费的最后 1 美元，产生的效用要小。彼得 · 辛格(Peter Singer)是著名的功利主义哲学家，他最近出版了《你能拯救的生命》(*The Life You Can Save*)，非常精辟地阐述了这个道德框架的慈善含义。你如何来证明你花在你自己身上的钱是效用最大化的？很有可能是，如果将那些钱花在别人身上，也许会获得更大的效用或福利。功利主义理论会导致实行再分配的税收制度，个人收入所得税会非常高，只是这种税收会产生消极不利的影响，使得财富的蛋糕变得更小。尽管会受到客观实际的制约，道德的驱动因素依然是普遍主义和需求原则。

对于开发利用雨林和石油等自然资产中的选择，以及碳排放等自然负累，关键的分配问题都是跨代的。功利主义经济学家在决定当代人和未来人之间的权利和责任时，使用的是完全一样的道德伦理标准，依据的都是普遍主义和需求原则。还未出生的人，不论他们未来出生和生活在哪个时代，会与今天生活在这个世界上的人，受到同样的对待。他们虽然不能投票，但是在功利主义者看来，那只是民主国家中的设计缺陷。只有在未来的人会比我们富裕的情况下，当代人才可以对他们考虑得少一点，因为再给予他们很多钱，显然不是个好主意。是把自然资产留作未来使用，还是现在消费，这之间真正需要权衡的是两个因素：一个是留存下来的资产在未来是否会有更大的价值；另一个是未来的消费所产生的效用是否要小。在功利主义眼里，不管是开发利用自然资产还是什么别的资产，比如外来援助，任何资产的流动都是一样的。

当然，我们对功利主义经济学家也得实事求是。公允地说，他们还有一个理由相信未来的人不如我们重要，那就是，未来的人可能不存在。一颗流星可能会撞击地球，就像消灭恐龙一样，把我们也都灭绝掉。功利主义经济学家在研究应对气候变化时，是考虑到人类灭绝的可能性的，如果未来人类不复存在，那么将幸福传递到未来一代的价值就会降低。

从某些角度看，经济学家所秉持的功利主义显示出十分高尚的愿景。基于普遍主义的需求所作出的决定，当然是公平公正的。但是，这样的决定面临着两个巨大的障碍：一是功利主义与在多数国家占主流地位的伦理道德不吻合，所以没有任何机会成为那些社会的民主选择；二是功利主义没有一点变通，在任何一个地方，任何一个时间，所使用的道德规范都是一样的。如果你觉得经济领域的功利主义最适于迪斯尼乐园，那么我是同意的。但是，我认为，用功利主义来思考自然资产和自然负累，则是一个不甚合适的框架。

监护人的伦理道德

还有另一种选择。环境运动主义者已经认识到普通民众是愿意承担关于自然界的义务的。这不是因为普通大众受到经济功利主义德行的感化，而是因为他们受到了不同伦理道德规范的引导。与功利主义相比，其他的伦理道德规范内容更加丰富，形式更为多样。在那些不同的伦理道德规范中，多数人都认为大自然是特殊的资产。即便他们总体上的伦理道德各有不同，但是对大自然的态度是一致的。在价值观迥然不同的社会中，如果试图实行统一的功利主义伦理道德，那很有可能是不会成功的。幸运的是，也不需要那样做。

在大众伦理道德中，与普遍主义的功利主义原则相对立的，是**邻近性**。所谓邻近性，是一种文雅的说法，意思是离你近的人对你来说更为重要。比如，你的亲人和朋友比从未谋面的人对你来说更为重要。不过，这种理念是多数现代经济学家所排斥的。但是，杰里米·边沁（Jeremy Bentham）尽管是功利主义哲学家，而且是功利主义思想的奠基人，却认为邻近性是合情合法的观点，既适用于不同的时间段之间，也适用于同一个时间段之内。调查显示，我们的确不像关爱我们自己那样关爱生活在未来的人。那些未来的人离我们越遥远，我们对他们的同情就越弱。

至于我们为什么会对邻近性有一种本能的亲近，这很容易理解。不论在什么情况下，如果我们帮助我们的家人和邻居，我们生存的几率就会提高。难道我们要把这看作是我们自身构成中的心理缺陷吗？难道我们渴望成为天使并平等地关爱每一个人吗？尼古拉斯·斯特恩是率先对气候变化进行多角度经济分析的经济学家，他认为，人们之所以怀有邻近性的情感，是因为那些情感是有用的。他还说，这是因为，从历史上来看，我们的需求几乎都是地方性的。而新的环境挑战是全球性的，因此，面对现在所需要的全球合作，我们自身进化演变的笃爱邻近性这一本能，的确是不合适的了。

但是，弄清楚为什么会发生邻近性的情感，并不是让经济学家或政府对这样的情感不管不顾。因为这种情感现在已经融入到人的血液里，成为一个人不可缺少的一部分。事实上，与人类相比，经济功利主义更适合于蚂蚁，因为蚂蚁都是全心全意地愿意为了集体的利益而牺牲个体利益，这是蚂蚁演变进化出来的本能。但是，如果希望人类也像蚂蚁那样契合于这种经济发展模型，其实是真的没有一点好处。但我们别无选择，只有接受人类"扭曲的人性之材"①。

有一种组织实体可以超越关于普遍主义和邻近性之间的激烈争论，那就是民族国家。这个国家可以给其国民提供统一的身份认同和形象的共同体，并在共同体内以不同的程度实施普遍主义。如果跨越了民族国家的疆界，邻近性就会凸显，并起主导作用。在不同国家之间，截然对立的伦理价值可以陡然发生转换，最典型的案例是在欧洲。众所周知，欧洲国家目前实行着世界上最严苛的国内再分配税制，大约40%的收入需要交税。而且，在过去的50年里，欧洲大多数国家都

---

① 原文为the crooked timber of humanity，出自康德的名句"Out of the crooked timber of humanity, no straight thing was ever made"，意为"人性这根曲木，绝然造不出任何笔直的东西"。英国当代著名哲学家和政治思想史家赛亚·伯林钟情于这个表述，出版了一本书名为《扭曲的人性之材》(*Crooked Timber of Humanity*)。——译者注

加入了欧盟，欧盟是有权力进行课税和再分配的。但是，尽管欧共体内部不同国家之间的收入水平差距很大，各个成员国之间的收入再分配是可以忽略不计的。泛欧洲的税率只占收入的1%，而且这部分课税基本上是从哪里收、到哪里去，几乎全在收税的国家进行再分配。事实上，这也已经成为英国加入欧盟的伦理关键点，英国以很低的税率水平支付给欧盟的钱，只能再用于英国的支出。所以，一个国家即便是加入欧盟民主政治框架下的共享主权体制，也可以摆脱普遍主义的功利性原则。在欧共体之内，处处充斥着邻近性思想。

在普遍的伦理道德中，功利主义需求原则的敌人不是邻近性，而是**拥有**（possession）的权利。朗特里基金会（Rowntree Foundation）是一家贵格会慈善组织，长期关注和研究社会问题。2009年，该基金会围绕英国民众对不平等的态度进行调查，调查结果还是很令人震惊的。从根本上说，普通民众并不认同不平等必然会不公平的观点。的确，那些命运多舛的穷人应该得到那些幸运之人的帮助，但是那些敷衍塞责的人是不应该得到那些审慎能干之人的帮助的。那些工作努力且持重严谨的人，当然应该享受他们获得的一切。经济功利主义乐于认可这一观点，并视为一种事实上的必然性。如果不允许人们保有自己的劳动果实，他们就不会费尽心力地去工作。不过，根据普通伦理学，道理还远不止于此，劳动赋予了拥有的权利。

如果自然资产没有天然的所有者，我们对其拥有的权利就要比自己制造的资产的权利弱化得多。人造资产是我们创造性活动的成果，这种活动赋予我们对该资产强有力的所有权。因为是我创造的资产，所以我有权自由卖出和给予。最初的创造性活动是多数资产所有权的基础。即便是在民族国家内部，普遍主义的功利原则也是与创造赋予资产所有权的实践共存的，当然各自所占的权重在不同的社会是有差异的。几乎所有的国家都有再分配的税收制度，但是各自的税率不仅受到现实考虑的制约，还受到伦理考虑的制约。不过，自然资产不是人类创造的结果。在没有来自创造性活动所赋予的所有权情况下，谁应该从自然资产中受益？根据普遍主义的功利原则和需求原则，每一个人都应该受益。这些原则在实施过程中遇到的唯一阻碍是邻近性,谁离那些自然资产最近,谁就应该受益。

但是,邻近性的牵引力与引力的牵引力不同,不像引力那样随着距离的增加而逐渐减弱。一个民族国家的共同身份和政府的组织能力可以形成坚固高耸的保护墙,通常来说在自己的国境线内能够强有力地克服不同的邻近性所造成的困境,因为这个国家可以对自然资产强制实施普遍的所有权。只有在边境线上,邻近性原则才凸显其重要性,因为边境线那边其他国家的人对那些自然资产是没有所有权的。

在这个问题上,如果缺乏一个可以强制实施不同国家之间自然资产再分配的组织,邻近性的情感就会变得复杂化。这种对普遍主义的限制会扩大不平等。比如,非洲那片土地上有那么多的国家,由于对自然资产的所有权是根据国家划分的,所以人均自然资产的分布是极不均衡的,这是难以避免的。赤道几内亚(Equatorial Guinea)的公民要比埃塞俄比亚(Ethiopia)的公民有着更多的自然资产,虽然这两个国家都位于非洲。尽管如此,我们应该知足的是,毕竟还有国家这个实体阻止其他国家的人利用邻近性原则来更进一步分享自然资产。如果是在一个国家之内有一部分人依据邻近性原则获得自然资产,那么自然资产的分布将显得更加不平等。在非洲西赤道海岸的几内亚海湾,有一个由圣多美和普林西比(São Tomé and Principe)共同组成的小小岛国。最近,这个小小的岛国发现了石油,按理说应该给该国的10万国民带来福利。但是,相对于圣多美,油田更加靠近普林西比,正是由于这个原因,普林西比的8 000当地人便宣称拥有石油的所有权。

如果你认为普林西比的居民有点自私,情况还会变得更糟,因为随着有价值的自然资源的发现,边界线开始发生变化。当前,邻近性原则与普遍主义之间的拉锯战正在北极地区上演。地质学家预测,在北极的冰盖下面,可能蕴藏着900亿桶石油。那么,谁应该拥有那些石油?对于贪婪的机会主义者来说,肯定要发生的事是:珍贵自然资源的发现会导致出现改变边境线的要求。北极地区目前是国际公地,但是随着石油资源的发现，毗邻北极的国家已经开始主张他们的领土主权。

根据邻近性原则主张自己权力的诉求并不止于国家层面，对自然资产的贪婪会推动身份认同的地方化，这也有确凿的例子。比如格陵兰，本来是丹麦的国土，现在汲汲以求于更大程度的独立。依据邻近性原则来主张自然资源，甚至走得更远。因纽特人的家乡东北部接壤俄罗斯，跨越阿拉斯加州和加拿大北部，一直延伸到格陵兰岛，他们主张拥有他们独木舟驶过区域的地下的石油。

20 世纪 60 年代，苏格兰海岸发现了石油，在那之前，苏格兰国家党(Scottish National Party)在谋取从英国独立出来的目标方面获得的支持几乎可以忽略不计。但是，1973 年石油价格暴涨的时候，这个党的选票迅速攀高，第二年，就获得了苏格兰 30%的选票。但是，随着石油价格的下跌，苏格兰国家党的支持率也下降了。到了 20 世纪 90 年代末石油价格降到 10 美元一桶的时候，苏格兰国家党看起来已成为明日黄花，风光不再了。但是，全球商业繁荣拯救了苏格兰国家党，2007 年石油价格攀升至 100 美元一桶，苏格兰国家党在发展上实现了重大突破，一跃成为苏格兰最大的党派。威尔士国家党也希望如法炮制，拿雨水说事，但是正如每一位外来游客所知，英国并不缺少雨水。

虽然我赞成尊重国家的权利，但是应该严格区分因历史而形成的国家边界和因对自然资源的贪婪攫取而形成的边界。如果自然资产蕴藏于某个国家历史疆界之外的地方，那么就不再属于这个国家的公民。同样，划着独木舟从一个油田上面驶过，并不能必然获得对于独木舟下面的石油的所有权。尽管地球上的自然资源多数位于国境线之内，但还是有一些资源位于国际公地之内的，那么，这些资源就具有国际性的特点，应该属于我们每一个人。

邻近性和实际性这两个原则共同保证一个国家对其疆域内的自然资产具有使用权，但是并没有一个相似的伦理道德原则允许当下的人可以使用属于未来的自然资产。自然资产都有一个独特的物理所在地，也就是说，如果自然资产蕴藏于我的国家，那么就不会出现在你的国家里。但是，作为自然资产，它们并没有一个独特的时间所在地。我们可以兴高采烈地向国境线那边的邻邦挥手，向他们喊叫，毫无愧疚地说："这些资源是我们的，不是你们的。"但是，我们不能毫无愧疚地给我们的子孙后代留下个字条，对他们说，实际上"那些资源是我们的，不是你们的"。与国境线不同，我们没有一个时间区分线，可以将一个社会与另一个社会区分开来。就个体而言，是有这么一个时间区分线的，这也是公认的，同时也是让人慨叹的，这就是生与死的界限。但是，这条区分线只适用于个体，我们不可能一下子全部死去。自然资产属于一个社会集体，这个社会不断地向前滚动、滚动，直至永远。

至此，我们已经形成了一种自然的伦理道德，在这种伦理道德框架内，资源掠夺呈现为两种不同的形式：一种形式是本来属于一个国家所有公民的自然资产被一部分人攫取，中饱私囊；另一种形式是本来属于包括子孙后代的所有人的自然资产，被当代人所占用，满足了自己这一代人的利益需求。

单一的个体，事实上包括所有的人，对于更宽泛的伦理道德问题，比如邻近性还是普遍主义更为重要，实行需求原则还是占有权利等，有着极为不同的认识。这些观念上的差异必然也会影响各个社会如何分配他们创造的资产。但是，所有的社会都认为那两种资源掠夺形式是不道德的。通常来说，在一个民族国家内部，国家身份认同足以确保共享这个国家的自然资产。不过，这个国家的公民所共享的不是所有权，而是监护权。与我们的子孙后代比，我们并没有更多的权利来享用这些自然资产。如果我们用完了一种自然资产，那么我们必须给子孙后代进行补偿。

中东地区(Middle East)具有迥异于西方传统的文化和伦理价值观念，但是也同样认为，自然资产应该监护好。30年前，科威特就有石油这种自然资产，除此以外几乎一无所有。那一代的科威特人认识到，不能随心所欲地将石油收入都用来消费。因此，他们给未来的子孙建立了主权财富基金。以后的科威特人虽然没有石油了，但是他们将会拥有其他的资产。在文化差异很大的赞比亚，那里的铜矿被开采殆尽，但又没有给后代积累任何其他资产。可是，这并不能反映出人们关于自然伦理道德的差别，正如我的一位赞比亚朋友所言："铜矿都开采完了，我们的子孙后代将怎样说我们呢？"

归纳起来说，我们并没有义务要完整地保护每一种自然资产，但是我们也不能不考虑未来，为所欲为地挥霍自然财富。对于我们还未出生的子孙后代，我们有伦理上的责任，要么给他们留下我们从先人那里继承下来的自然资产，要么给他们留下同等价值的其他资产。因此，我们在自然资产方面的伦理责任，基本是经济上的，因为大自然就是一种有价值的资产。自然资产有其特殊性，但是也没有特殊到不能开发利用的程度。我们可以自由地使用自然资源，但是，如果不留下同等价值的资产，我们就是掠夺，就是犯罪。对自然资产进行监护的责任，并不是基于一些功利主义者的复杂计算，怎样将自然资产实现效用最大化，而是基于我们对其他人享有自然资产权利的认可。

监护不像保护那样有诸多的限制。环保主义中的浪漫人士把大自然看得非常特殊，以至于我们仅仅是自然的保管者，对此我是持有保留意见的。生物多样性是个好事情，但是，在人类生存的背景下，不能只是为了生物多样性而达到生物多样性。在这个问题上，我们不是为大自然服务的，大自然是为我们服务的。我这样说，听起来好像是极端物质主义的，但我认为，如果秉承基督教的思想，借助管理这一理念，在很大程度上也会得出同样的结论。人类对于自然界是有"控制权"的，自然界就是要我们从中制造些东西出来的，不是仅仅要我们原封不动地保护它。路加福音中讲述了这样一个关于耶稣基督的寓言故事，说是一个贵族离家出远门了，给每一个仆人都留下了钱。一个仆人只是把钱保存好，严严实实地用餐巾包起来。贵族主人回来后，对他大加训斥。被贵族主人称赞的是那些好好利用钱的仆人。对于大自然，我们也可以这样做，特别是，我们可以利用大自然来改变最底层的十亿人的生活窘况。

对于人性，我的观点与环保主义者相同，不像经济学家通常所认为的那么悲观。经济分析模型总是把人定义为自私和贪婪。经济学家要么认为人的行为应该像圣人那样，要么认为人的行为实际上就像精神变态者，因此常常对民主缺乏热情。他们更加希望有一个专制政府，直接告知其国民应该干什么，同时听取经济学家的建议。经济学家所依仗的是他们的技术分析以及恪尽职守的政府官员，而环境保护主义者则周期性地动员普通公民，组织群众运动，令政府和企业感到不安。其实，为了要求政府保护自然，不掠夺自然，普通群众没有必要像蚂蚁那样，表现出圣人的伦理道德。

巴西选民应该统治雨林吗？

我以上所探讨的对于现在的巴西选民意味着什么？在真正的民主国家，政府必须对全体选民负责，每一位合格的选民手中都有一票。未来的人不能投票，事实上也没有选票。但是，巴西选民应该认识到他们对于未来巴西人的伦理义务。如果不给他们的子孙后代留下同等价值的资产，巴西选民就不能随心所欲地砍伐雨林。如果他们对这一责任视而不见，就真的应该因为掠夺自然界而受到法律的制裁。

关于巴西选民的伦理责任，我还没说完。我曾经鄙视因纽特人声称拥有冰盖之下石油的主张，但我并不认为应该忽视雨林中原居民的利益。雨林是他们的栖息地，雨林之所以能延续至今，是因为他们没有掠夺它。如果雨林被砍伐，他们全部的文化都要消失。砍伐雨林可能对于其他巴西人有利，但是可以肯定的是，会对原居民造成极大的损失。虽然雨林原居民不应该享有雨林下面的石油，但是作为一个社区，他们对雨林享有所有权，因为那是他们的家园。我并不是说，雨林社区应该永远地保留下来，这是没有必要的。因为如果那样，就是诅咒那些原居民永远不要和人类的其他成员进行交融，只是把他们看作人类学上的奇珍异物。但是，雨林原居民与现代化之间的对接和碰撞是极度困难的，应该逐渐地、小心地加以解决。从历史上看，这类冲突充满着血腥，都是悲剧。我猜想，随着时间的推移，这些雨林原居民可能会用他们的脚投票，成为巴西现代社会的一部分，就像那些最后的土著选择离开澳大利亚与世隔绝的丛林一样。但是，通过消灭他们的栖息地而强制他们迁徙，这从伦理道德上是不对的。尽管砍伐雨林可以让需要土地的贫困巴西人得到很多好处，尽管这也符合功利主义坚持的需求原则，但是，将雨林原居民的资源进行再分配还是侵犯了他们的森林拥有权。

随着森林的砍伐和碳的排放，巴西选民还有一种伦理上的责任。砍伐的林木，新开垦的土地，这些收入都纳入现在巴西人的囊中，但是，未来的巴西人要继承由此而来的债务。因此，即便是现在的巴西人给他们的子孙后代留下相当的替代资产，他们依然剥夺了世界上其他人享受雨林的权利，他们只是考虑到自己国民的利益，是应该为此而自责的。世界上的环保主义者为此忧虑，是有道理的。丹尼尔为此而愤怒，也是有充分的理由的。

第二部分 自然是一种资产

第3章

自然的诅咒？自然资产中的政治

自然资产是一个诅咒吗？在《最底层的十亿人》中，我曾论述我为什么认为自然资产常常给最贫困国家带来的是危害而不是好处。但是，真正的判断尺度不仅仅是自然资产造成的破坏，还有与此相关的潜在的伤害。对于那些贫穷社会来说，自然资源是他们最大的资产。据估计，他们已知的自然资本是已经开发利用的自然资本的两倍。不能有节制地开发利用自然资本，使这些国家在经济发展中错失了最重要的机遇。完成《最底层的十亿人》的写作后，我对这一课题进行了更多的研究，很多其他学者也研究了这一课题。事实上，拥有丰富的自然资产，是幸事还是诅咒，目前是经济学家聚讼纷纭的一个话题。

自然资产毁灭一个国家，这方面有一些显而易见的例子。比如塞拉利昂(Sierra Leone)的钻石似乎把它的社会组织撕成了碎片，尼日利亚(Nigeria)的石油资产加速了政治官僚阶层的腐败。但是，这些例子是否只是例外情况呢？毕竟，博茨瓦纳(Botswana)利用其金刚石资源，实现了世界上经济最快的增长；挪威利用其石油资源，达到了世界上最高的生活标准。那么，问题变成了是否真的有这么个“资源诅咒”(resource curse)，如果真的存在，那么是否只限于那些深陷困境的国家？

我已经认识到,在改变最贫穷社会的努力中,这是个最为关键的问题。贫穷国家从自然资产中获得的收入是巨大的,使得他们获得的任何可以期盼的援助都相形见绌。他们的社会当然是可以改变的,如果他们要改变,任何阻止贫困国家开采自然资源的想法不仅会起反作用,而且是不负责任的,因为那样会阻碍它们摆脱贫困。但是,另一方面,如果自然资产开采事与愿违,产生反作用,那么就会有争论,还是把那些自然资产留在地底下吧。主张环境保护的人游说,要把自然资产保护起来;主张经济发展主义的人游说,要切实消除百姓贫困,事实上,这两者之间的联盟需要有一个基础。

关于资源诅咒是否存在,有很多争议。不瞒您说,我此刻坐在桌子旁写作这一章,《纽约时报》(*New York Times*)的一名记者打来电话,他正在做这个主题的调查采访。他刚刚采访了杜克大学的罗伯特·康拉德(Robert Conrad)教授。康拉德在最近的研究中指出,平均来说,资源丰富的国家比资源贫乏的国家收入高。与罗伯特一样,我也一直在进行数据调研,主要分析是否存在资源诅咒现象。尽管鲍勃关于资源丰富的国家平均收入高的说法是正确的,但问题还远不止于此。

与我一起共事的是年轻的荷兰经济学家贝内迪克特·戈德里斯。戈德里斯曾在剑桥大学金融经济系从事研究工作,但他放弃了那儿待遇优厚、前程似锦的职位,来到牛津大学,加入到我的团队,共同开展关于最贫穷国家的研究。正是由于他的辛苦劳动,你们才能读到我们的研究成果,进而判断社会所遭受的损失。我们的研究基于对世界上每一个商品出口国家 40 年经济发展情况的分析。这一研究花了我们 3 年的时间。就在我们认为已经完成这项研究的时候,我们突然发现犯了个致命的错误,以至于不得不从头再来,用计算机对所有的数据重新分析一遍。(我记得贝内迪克特说:"我还是去自杀吧。"幸运的是,他只是去了小酒馆。)为了得到新的研究结果,我们的耐力和能力都达到了极限。不论是罗伯特·康拉德的研究,还是我们的研究,都不是第一次对资源诅咒问题进行数据分析。过去有一项研究对有自然资源的国家和没有自然资源的国家的发展速度进行比较，发现资源丰富的国家在发展速度上要比资源贫乏的国家慢很多。这当然是资源诅咒现象存在的明显证据。不过，这种研究是一种“横向分析法”(cross-section analysis)，有着严重的局限性，被很多经济学家所诟病和质疑。从根本上说，这种研究路径解释不了什么原因导致了什么结果。不过，如果确实存在资源诅咒的话，那么一定会随着时间的流逝而发生，只要是发现了自然资产，就会在一些重要的方面造成经济的恶化。因此，我们所需要的不是比较不同的国家，而是要比较同一个国家在发现自然资源之前和发现自然资源之后的情况，了解其收入的变化。

对于资源诅咒这一假说，通常的批评是：即便是没有资源诅咒，也会出现将资源依赖同增长缓慢相关联的后果。假定自然资源一开始是随意地分配的，有些国家得到的自然资源多，而有些国家得到的少。现在再假定，有些国家发展得快，有些国家发展得慢，而其中的原因完全与最初的资源分配无关。再过几十年，我们会发现，现在最依赖自然资源的那些国家，往往是那些发展缓慢的国家。这仅仅是因为那些发展快的国家要走出资源依赖的阶段，因为非资源的收入回报更高。表面上看，这似乎就是资源诅咒，但却是一种误解。经济学家把这一问题称为“内生性”(endogeneity)。(他们也可以把这一问题称为“马和马车的问题”，但是那样听起来显得不高大上。就像人们称呼一帮聪明的人的时候，没有人会建议使用“一伙经济学家”这个说法。)

就这个案例来说，解决方案是很明确的，你不能用与收入相关的资源收益来衡量资源依赖性，而应该用人均所占资源的收益在其收入中的比例来衡量。有时候，这样做的确是得到不一样的结果。比如，美国人均资源很多，但是由于其经济的其他方面都有成功的增长，因此在收入方面，资源收益所占的比例就不是特别高。

我和贝内迪克特在最后的分析研究中使用了“协整关系”(co-integration)这个相对新的统计理论，前人还没有使用这项技术来分析资源诅咒问题。这种分析方法使我们既梳理出商品价格对于经济增长的短期影响，也梳理出对于收入水平的长期影响。使用这一理论，我们解决了过去横向分析研究和历时分析研究中明显的矛盾问题，那两种研究都正确，但是它们是在不同的时间框架之内的。我们初步的研究结果已经在社会上引起了很大反响，美国财政部立即邀请我去在美国举办的 20 国集团财政部长峰会上做报告。

商品繁荣：好还是不好？

从短期来看，开采自然资源是好的，因为那会大幅度地促进增长。比如，在经济繁荣中，某一种出口商品国际价格的翻番，会在其后的 3 年里增加那个国家的经济总量，增长幅度在 5 个百分点左右。由此，经济总量全面上升。乍看起来，这种经济总量的增长就是商品繁荣蛋糕上的糖霜。即便经济总量没有受到影响，没有出现增长，收入依然会增加，因为出口同样数量的产品，现在能买回更多的进口产品。1998 年，只需要 10 美元就可以买到一桶石油，而 10 年后，买一桶石油却需要 140 美元。所以，尽管经济总量保持不变，可是石油出口国却可以进口更多的商品。这就是罗伯特·康拉德的研究发现，开采自然资产即便不能增加经济产量，但是通常会增加收入。不过，在发展中国家，那些增加的产量并不是糖霜，而是蛋糕本身。如果没有新的产量注入，财富就是不可持续的。尽管如此，至少是在短期内，某种商品国际市场价格的上升，会给出口国带来双重的好处，财富收入和经济总量都会增长。

短期情况就是这样，长期情况如何呢？约翰·梅纳德·凯恩斯(John Maynard Keynes)，即发明了“凯恩斯”经济学的那个人，他语带机锋地回答了长期情况的问题：“长期来说，我们都死了。”这非常恰当地描述了我们的研究发现，商品出口国那里都存在这些问题。我们调查了商品繁荣带来的长期影响，它们是三种不同类型的商品，分别是石油、其他非农业产品、农业产品。显而易见的是，其产生的影响取决于那个商品对于该国经济的重要程度。我们先从石油开始谈起吧，石油是所有商品中最重要的资产。对于像尼日利亚这样的国家来说，它的石油出口占经济总量的1/3，25年之后，石油价格翻了一番，但是它的经济总量只达到应该增长水平的2/3。石油对于安哥拉（Angola）的经济更为重要，占全部经济总量的2/3左右。商品繁荣带来的长期负面影响更为严重，如果石油价格翻番，其整个经济总量的水平只达到应该增长的一半。

这些对于经济总量的影响传达着令人沮丧的信息。不过，这些影响是否是石油所独有的呢？也许，石油价格上涨造成了特别可怕的结果，这或是因为国际石油公司的操纵，或是因为当地政客产生了辉煌繁荣的错觉，并进而挥霍浪费，实施了一批奢华的、华而不实的项目。不过，我们发现，石油的负面影响与其他非农商品相比，并没有特别显著的差异。铜、铝矾土、钶钽铁矿等商品出口国也有着和石油出口国一样的命运，因受到商品繁荣的长期影响，遭受巨大的产值损失，同时也意味着潜在收入的重大损失。这些结果显示出资源诅咒在经济产值中的存在。不管怎么说，开采自然资源应该使经济产值扩大，而不能使经济产值缩小。

问题是，这种资源诅咒会由石油向铜等其他非农业商品延伸多远？总体来看，这个资源诅咒会影响到主要农产品吗？那些农产品的价格与石油和铜一样，都是变动不居的。就农业和非农业商品来说，我们发现了两者之间一个巨大的差异，农产品的价格如果上涨，对经济总量产生的长远影响是正面的。这个发现为了解资源诅咒提供了一个线索。

但是首先，让我带着你继续了解我自己极为关心的地方，那就是非洲。目前，非洲的商品出口占整个GDP的30％，这是非常重要的。我想看看非洲商品价格与出口国家经济增长之间的关系是否是独特的。这个问题是很要紧的。与中东一样，非洲比其他地区更依赖商品出口，这是很鲜明的特色。我们的问题是：非洲对自然资产的管理在促进经济产值增长方面是否有不同之处。

事实上，非洲的管理并没有证明有多么大的不同。这一点也不让我惊奇。我从好几个维度对非洲进行了考察，发现表面看来非洲的管理好像是独树一帜，但是总体来看，非洲国家在遇到同样的挑战和机遇时，与其他多数国家的做法极为相像。非洲的管理结果之所以独具特色，是因为非洲的经济结构和社会结构很有特色。非洲的特色在于其面对的问题，而不只是针对那些问题所作出的抉择。

我们之所以需要了解非洲是否是不同的，是因为我们想知道我们能否使用世界上其他国家的结果，来为非洲预测最近商品繁荣所造成的影响。如果非洲与其他地方没有显著的差异，我们就能够模拟出那些影响。我们选择了非洲 14 个主要的商品出口国家。从 1996 年到 2006 年，石油价格增长了三倍多，这些国家出口的其他非农商品的价格平均增长了两倍多。这些价格上涨带来的影响，不论是就其本身来说，还是对抓住我们分析的精髓来说，都是十分重要的。

我们发现，从短期来看，商品繁荣大幅度地促进了非洲商品出口国家的经济增长。我们估计，截至 2009 年，如果以 20 世纪 90 年代后期的商品价格水平为标准，那么这些国家的产值增长了 10%左右。当然，收入增长得更多，原因是每桶石油，或者不管是何种出口商品，可以换来更多的进口产品，用贸易术语来说，这一效应就是收益。如果一个国家最初的 GDP 有 30%是出口的，那么出口商品价格翻番以后，该国的收入购买力就会直接增加 30%。因此，如果综合考虑贸易效应的数量和条件，那么要比出口价格不变多获得大约 40%的收益。的确，道理显而易见，短期效应绝对是好的。

可是我们关于长期效应的预测却完全相反。如果非洲因循全球历史上的发展模式，那么商品繁荣的副作用一开始将会是很缓慢的，但是到了 2024 年，其产值与商品价格不上涨相比，将下降 1/4。这个后果是很令人担忧的。一次重大的商品繁荣具有强大的变革潜力。这是一种收入注入行为，远远超过援助机构的梦想。如果使用得当，这种行为可以将经济增长和收入提高到新的水平，在这个水平上，暴力和社会动荡的风险都可以忽略不计。

现在的商品繁荣可能会给很多以前不稳定的国家带来和平。你可能会认为，如果有不测发生，最坏的结果也不过是将所有的税收全都浪费掉。但是，我们发现情况更为糟糕，从长期来看，国家经济会严重萎缩。这和如果没有课税收入，社会将会更好的说法完全不一样。因为在以前，从长期来看，经济总量的大幅下降只是商品繁荣消逝后对收入总体影响的一部分，只要价格保持在高位，在贸易条件的作用下依然还是有收益的。与产品出口价格升高以前相比，现在的经济生产的商品要少很多，但是生产的商品更值钱。净效应是：与没有商品繁荣带来的财富的情况相比，国民收入可能会多，也可能会少。换句话说，资源诅咒很显然是个错失的机遇。

这就是我们的预测。如果历史重演，从长期来看，最近的商品繁荣的最好结果是创造错失的机遇，而最坏的结果则可能是使社会从根本上分崩离析。所以说，不让历史重演才是至关重要的。避免历史重演的第一步是了解过去错失机遇的机制。为此，我们需要从预测转到诊断上来。

诊　断

对于资源诅咒，从来就不缺乏流派纷呈的解释。我和贝内迪克特爬梳相关的经济学和政治学文献资料，将那些解释分为六组。多数解释听起来是合情合理的，每一种都有证据的支撑。不过，从我们所读到的材料看，还没有看出哪些是最令人信服的。每一位研究者都按照自己的想法，骑着自己的木马，转着自己的圈圈。因此，我们决定要进行系统性地研究，不仅给出预测，还要区别和超越那些相左的诊断。

区分这些诊断的一个关键方法，是区分农业和非农商品繁荣所带来的不同影响。这两类商品都会有繁荣，但是农业商品繁荣所造成的长期效应是有利的。因此，资源诅咒只局限于非农商品。从本质上来说，农业商品是可再生的，而非农商品都是不断枯竭的。这一点为什么重要？因为几乎所有的可再生产品的产量都已经得到了续增，以前的投资也都得到了回报。咖啡出口来自于过去对咖啡树的投资。由于竞争的关系，这种投资的回报不会比其他投资活动高很多。很多地方都可以种植咖啡，因此地域并不能保证有超额的高价。所以，来自农业商品的收入主要是对过去投资和现在劳动的回报。比较起来,矿产的价值回报就高多了,远远高于矿产开采所需要的投资和劳动。简而言之,与矿产品比起来,农业商品不容易被掠夺。

关于农业可再生商品的管理,我不想粉饰太平,美言太多,因为这些商品有时也有被掠夺的。但是,这些商品被掠夺的情况是极个别的。现在,我将集中谈一谈那些只能使用一次的自然资源,谈一谈为什么开采这些资源容易发生掠夺。关于大自然可再生商品的掠夺,我们将在第三部分进行论述。

在开采自然资源的过程中,超过开采成本的利润属于全体公民,政府应该代表公民收取那部分利润。一般来说,不管是否将收取的利润用于为普通百姓谋福利,政府都是很乐意收取那部分利润的,至少是收取一部分利润。世界上唯一决定把所有自然资产都留给发现者和开采者的国家是美国。为了促进矿产开采,这个国家曾采取过"谁发现谁拥有"的政策。在其他任何地方,开采自然资源所获得的价值至少有一部分进入了政府的国库(而农业商品的大部分收入进入了农民的腰包,从而回馈农民的投资和劳动)。这提示人们,资源诅咒可能与某些东西有关,特别是与国家收入的公共管理和政府治理有关。

治理是个含糊的、难以把握的概念。为了进行评估,我们不得已依赖一个商业评级。这个评级被称为国际国家风险指数(International Country Risk Guide, ICRG),每年评估一次,只要付费,各国的公司均可查看。我们的想法是,既然 ICRG 作为一种商业行为已经存在了很多年,其评估的内容应该是很丰富的,并具有一定的说服力。如果不是这样,这个评级可能是在集体被迷幻的错觉下繁荣发展起来的。(考虑到最近其他主要评级机构的总体表现,后者的可能性也不能排除。)不过,如果公司主要是将随机的数据打包成信息产品拿来出售,这数据也不会有多么大的影响。将一些随机取来的数据统合起来,进行所谓的数据分析,只不过是增加了"噪音"而已。那些数据只会告诉你,你是在浪费时间。事实上,当我们将 ICRG 关于国家治理的系列数据统合起来后,结果告诉我们,我们挖到金矿了。

从本质上来说，如果一个国家有着良好的治理，就根本不会发生什么资源诅咒，商品价格高企带来的长期影响会强化短期影响。资源诅咒只局限于那些治理不力的国家。

到了这个节点，我们开始再次担忧马和马车的问题。也许，治理只是在发现资源租金后才恶化，一开始并不是那样的。我们用一简一繁两种方式来解决这个问题。简单的方式是：只借助 ICRG 第一年的评估指数来评测治理情况。这个年份是 1985 年。从那一年以后由于资源租金而恶化的治理数据都不包括在我们的分析范围之内。我们的分析结果没有改变，治理不力是罪魁祸首，而良好的治理则给资源租金带来了有利的长期效应。基于这个诊断，最初的治理差异说明了为什么石油促进了挪威的经济，却破坏了尼日利亚的经济。

怎样不力才算是治理"不力"？怎样良好才算是治理"良好"？两者之间的分界线是 1985 年的葡萄牙(Portugal)。那一年，葡萄牙告别独裁统治和革命时代才刚刚 11 年，仍然是欧洲治理最坏的国家之一，但是不管怎么说，已经是一个功能健全的民主国家了。博茨瓦纳则高于分界线一点点，其治理一直是诚实的，尽管还低于 OECD 的标准。比如，尽管博茨瓦纳的国家政府有很多民主特色，但一直没有出现过执政权力的更迭。不过，博茨瓦纳的治理真的是比其他低收入商品出口国的治理要好。解决了马和马车的问题，我们就用国家风险指数的结果来进行一系列的测试，从而甄选出那些站不住脚的结果。经得起测试的结果都是可信赖的，就我们所知，最初的治理不力是资源诅咒的关键原因。

但是，"治理"依然是一个非常模糊的概念。糟糕的治理是如何浪费掉资源收入带来的机遇的？我们再一次利用我们的统计来进行分析，在一定的范围之内梳理出一些答案。我们的方法是：把所有看起来有道理的解释都找出来，直到发现那些本身很重要但都不考虑治理的重要性的解释。

经济学家思考资源诅咒的时候，总是会想到"荷兰病"，之所以有这个名字，是因为人们首先是在荷兰经济中认识到这个问题的。北海油气田的发现挤压了已有的出口产品，荷兰货币升值。商品出口的繁荣往往会带来汇率升高，从而抑制经济的增长。至少是从性质上看，荷兰病似乎是一种可能的解释，所以我们决定对此进行测试，将汇率这个指标加入到我们的分析当中。汇率的确会带来很大的影响，但是我们得再一次强调，这是有条件的，需要看治理的情况。在一个有着良好治理的国家，自然资源的收入并没有造成汇率的大幅度升高，而在一个治理混乱的国家，却会发生这样的现象。

尽管经济学家在过去 30 年里对荷兰病头疼不已，这个痼疾并不是不可避免的。比如，资源收入可以用来建设基础设施，从而使得其他产品的出口更具有竞争力。马来西亚（Malaysia）利用资源出口获得的收益，实现经济的多元化，现在已经拥有广泛的非资源性的产品出口。与其他发展中国家相比，马来西亚人均吸引的外资要多。博茨瓦纳利用金刚石成为世界上经济发展最快的国家。挪威利用石油资源变成了欧洲最富裕的国家。

除了汇率，资源诅咒还主要通过过度的公私消费和不足的经济投资体现出来。尽管从统计学意义上消费和投资可以在很大程度上“说明”治理的效应，但不能“说明”全部的效应。要想在观察经验的基础上建立好的替代值，而且这些替代值能长期适用于很多国家，是十分困难的。所以我们的统计方法也难免有很大的局限性。很有可能的是，用可测量的途径来代替其他我们不能恰当地进行评估的过程。事实上，就数据而言，我们的研究有着很高的要求，为了能作出很好的解释，我们需要一个测量指标，世界上大多数国家在很长时间里都具有可比性。这就是我们为什么不能将对获益集团的再分配纳入到评估体系中，尽管这个指标可以很好地解释当资源收入遇到治理不力时会发生什么。

政治：检验新保守主义议程

既然我们现在已经知道治理不力是资源诅咒的关键要素，那么历史还要重演吗？避免历史重演是我们的研究为什么重要的唯一原因。

现在是把政治拉回到我们的分析中的时候了。我刚才描述的研究工作所依据的材料，是1963年到2003年之间的数据，这期间的大部分时间里，拥有最底层十亿人口的国家实行的是专制统治。20世纪70年代商品繁荣时期的管理者通常是独裁者，所以发展的机遇也都浪费了。直到1991年苏联解体，民主才扩展开来，完全改变了那一切。因此，过去的发展历程对于如何管理新千年的资源繁荣，可能就不是很好的参考。民主的传播可能已经有效地改进了治理，因此资源诅咒也许会一去不复返了。这大概是最底层的十亿人在近十年所面临的最重要的问题。

撰写《最底层的十亿人》的时候，我就开始思考这一问题，并对初步的研究成果进行了简要介绍。这项研究工作进展到今天，我感到自己有了更大的信心。我的同事安珂・霍芙勒参与这项研究工作，并参与了我的其他很多研究工作，我们发表了研究论文《检验新保守主义议程》（"Testing Neo-con Agenda"）。这篇论文不是敷衍塞责的。对于入侵伊拉克，从新保守主义的理论来看，一个合情合理的解释是：可以给资源丰富的中东地区带来民主。现在我们知道，对于这个目标背后的逻辑，人们关注得还太少，关注更多的是为了实现那个目标所使用的军事手段。我想调查的问题是：如果一个国家有着丰富的自然资源，至少从经济发展的标准来衡量，民主是否真的就是医生所开具的药方。

民主会促发责任。授予公民投票权可以使他们要求政府尽最大努力为选民谋福利。这个问题更大，我与年轻的法国经济学家丽萨・乔万特合作，对此进行调查，希望了解民主选举是否能迫使政府改进经济政策。令人鼓舞的是，我们发现民主选举的确起作用，当政府被要求面对选举人的时候，他们就会改进其经济政策。当然，还是有重要的限制条件的。但是，从表面上看，这一研究结果显示，民主化有可能提高资源丰富国家的治理标准，从而摆脱资源诅咒的困扰。

不过，我依然怀疑，在自然资源丰富的国家，公民选举制度也可能会证明是无效的。其中一个理由是资源收入的特殊性。前面说过，自然资产没有天然的所有者，因此普通民众和企业可能并不认为他们拥有那些资产。资源收入并不像通过劳动获得的收入那样，被人们认为是属于自己的钱。的确，在多数情况下，那些自然资产人们根本看不到，都是神不知鬼不觉地进入了政府的腰包。如果政府要从工人和企业的已有收入中收税，就会引发反对，因为人们想知道他们的钱是怎样被政府花掉的。但是，来自自然资产的钱如果进入政府的口袋，就不大可能引起这样的反对。事实上，在很多拥有最底层十亿人口的国家，政府从来没有为普通民众提供过公共服务。从殖民时代起，所谓的政府都是异族的，往往是当地人恐惧的对象。在一种土著语中，我曾见到把“政府”直接翻译成“白人的工作”的情况。因此，政府把自然资源的收入纳入囊中，并不会引起民众提出审查的要求。

经济学的部分力量源自于其利用“行为最大化”这一假定，来预测世界上某些变化带来的影响，经济学家就是要弄清楚这些变化将会如何影响“最大化战略”。我们现在要做的是，分析自然资源收入是如何改变政治领导人的行为的。想到我们的政治领导人不是圣人，远不是圣人，就让人害怕。说句糙话吧，他想着尽可能多地从政府那里侵吞公款。但是，如果公共收入的唯一来源是税收，他就面临着两难之境。他会发现，如果强制提高税率，民众在得不到回报的情况下会变得越来越愤怒，征税会引发民众提出审查，要求一个诚实的政府。所以，政客就会宁愿不收税。但是，当然了，没有税收，公共金库里就是空的，也就没有什么可以贪腐的。因此，政客就不得不将提高税收获得的收益乖乖地交到国库里，从而避免引发民众的审查。政客选择了可以使公款侵吞最大化的税率水平。

试想一下，如果领导人拥有了来自诸如石油等自然资源的收入，他的决策会发生怎样的变化。如果没有资源收入，领导人课税的幅度会设定得恰到好处，正好做到收支平衡。他引发的额外审查与他从额外收入中获得的收益完全相符。现在，情况不同了。资源收入给领导人提供了一个获得收益的基础，而且不会引发很多的审查。如果从百姓的收入中收取更多的税，将引发民众的审查，这不仅会影响其贪腐额外税收的钱财，而且关键的是，会影响其贪腐自然资源的收入。不论什么样支出，都会受到审查。同样，不管什么样的收入，也要受到审查。因此，腐败的领导人有更加强烈的动力，把税率定得低一些。事实上，他也可以决定一分钱的税都不收，那样的话，他就可以最大限度地贪污资源收入中的钱。

在我们建立的模型中，我们发现，腐败的政客往往会实打实地使用资源收入，从而减少对百姓收入的课税。这一结果也不是必然发生的。在复杂的模型中，税收可能比资源收入多，也可能比资源收入少。但是，从简单的模型来看，必然会有这样的结果：如果全部收入在有着资源租金的情况下并不高，那么想想看，用来改善普通百姓生活的公共经费总量会发生什么？由于全部财政收入没有变化，在民众审查减弱的情况下，腐败政客贪污的每一块钱，都是以减少公共支出的代价获得的。因此说，我们所期待的利用公共财政可以购买的好东西，比如教育和医疗保障，实际上会由于资源收入的原因而逐渐萎缩。我们既可以把这看作是自然资源发现以后随着时间的推移而发生在社会上的一个寓言，也可以看作是资源丰富的国家与资源缺乏的国家如何不同的预言。尽管我曾把它作为关于钱的故事讲述过，我们也同样可以认为，这还是个关于“不作为”的故事。政客不仅利用审查的缺失来贪污钱财，而且还逃避经济政策改革的艰巨任务。

经济分析就到这里。充其量，这个分析也就提供了一则说教性的寓言故事。不过，它也提供了另一个不同的论点，也就是说，给民众投票权并不一定会让他们约束他们的政府。我们的预测是：民主在资源丰富的国家没有在资源贫乏的国家发挥的作用大。

我和贝内迪克特关于资源诅咒的研究工作，主要聚焦商品收入对于一个国家经济产量持续增长的影响。尽管可能有很多不同指标来评判一个政治体系，但是经济增长依然是关键指标。增长是最底层的十亿人所缺乏的，也正是自然资源收入所应该带来的。我和安珂决定来解决的问题是：民主是如何影响自然资源丰富的国家的经济活动的。我们决定对四年的经济产值增长情况进行考察，取平均值，这样就剔除了短期的经济波动情况。我们的研究方法是:将尽可能多的国家包括进来,时间跨度尽可能地长,调查资源和民主是如何影响经济增长的。特别是,我们想知道当资源和民主这两个因素结合在一起时会发生什么,就像在资源丰富的民主国家那样。这听起来似乎很容易,但实际做起来很困难。我们最初得到的结果是令人沮丧的。在没有资源的情况下,民主可以极大地促进增长,但是在有资源财富的情况下,民主则大幅度地减弱增长。由此看,资源收入好像会腐蚀民主政治。民主本来可以改进独裁统治,但是由于资源的出现,反而使得独裁政治变得更加独裁。前面说过,资源收入可能会弱化责任感,这儿关于民主的分析与那个令人沮丧的说法显然是一致的。

这远不是定论。在这种经验研究中,还有很多可能的错误,现在最让经济学家迷惑不解的是对因果关系的阐释。极有可能的是,民主是由经济表现决定的,而不是由什么其他的方式决定的。或者也可能还有其他另外的东西既决定了一个社会是否是民主的,又决定了是否是增长的。我们判断一个国家是否具有丰富资源的标准存在严重的问题,我们的标准只是自然资源出口价值所占国民收入的比例。这听起来很完善,但是一个由于治理不力而没有实现增长的国家,它的国民收入就低,所以自然资源出口所占的比例就会很高。这反过来好像又会导致另外一个“结果”,高比例的自然资源出口“导致”经济增长缓慢。但是,这一貌似真实的论调是站不住脚的。

2000年,世界银行对世界上已探明的地下矿藏进行统计,列出了一个清单。每个国家的已探明自然资产都依赖于勘探活动。治理不力的国家往往不会积极参与资源勘探,因此人均已探明的自然资产就很少。所以,对于一个国家的自然资源财产,我们有两个可能的测度指标,每一个都受到治理的影响,只是影响的方式正好相反。不好的治理往往会增加自然资源在国民收入中的比例,但是会降低人均资源的数量。这样做是有帮助的,因为如果使用每个测度指标都能得出我们的结果,那么对于源自治理的因果关系,就不可能出现似是而非的误读。

在涉及民主的问题上，如果考虑各种各样的因果可能性，那是非常困难的。我们跟踪调查了其他学者的研究成果，他们试图使用不同的独立参数，那些参数会对一个国家是否是民主国家产生影响，但是与那个国家是否拥有自然资产没有任何关系。比如，我们使用的一个测度标准是历史上的拓荒者死亡率。这个死亡率对一个国家能够吸引多少名拓荒者产生了极大的影响，进而会对这个国家是否能成为民主国家产生影响。我们不断地进行这类鲁棒性测试，得到的都是同样的结果，这就是：民主和自然资源收入不是彼此增益的盟友。幸运的是，后来的故事就不那么令人沮丧了。当我们想到民主的时候，我们立马就想到选举。毕竟，民主选举是有着新闻价值的事件，普通民众手中有了权力，可以决定他们政府的命运。但事实上，我们之中那些有幸一辈子生活在成熟的民主制社会里的人只关心选举，因为我们对于其他很多东西都想当然。民主不只是选举，而是一整套规章制度，对政府的行为进行限制。在成熟的民主制国家，政府不能侵占公共财产，因为整个财政预算过程是高度透明的。如果政府是一个腐败的政府，那么侵占公共财产的情况就是真实存在的。在利比亚（Liberia），现任总统埃伦·约翰逊-瑟利夫（Ellen Johnson-Sirleaf）以前的政府部长们，将所有的精力都用在指点中央银行如何将钱转到他们的个人银行账户上。他们自信地认为，国家没有审查系统，不能阻止他们公然地将这些非法资金转移到私人账户上。面临政府部长们的这类要求，中央银行的官员们别无选择，只能俯首听命。没有什么机制能够制止这些资金转移，如果银行职员试图阻止，那么他得冒一定的风险，小心自己的性命。

在成熟的民主国家里，政府是不能迫害反对者的（尽管非常想那样做），也不能禁止反对者在媒体上发出不同的声音。政府还不能在就业和公共服务方面歧视他们，不能无端地把他们关进监狱。任何这样做的企图都可能会事与愿违，产生相反的后果。而且，在成熟的民主国家，公民选举的行为是干净的，或者至少是，即便出现一些不正常的情况，也不足于改变投票人的意愿。退一步讲，如果发生违规现象，公众也会表达强烈的愤怒，足以促进问题的解决。总的来说，这些对政府的限制是民主的根本要素。

政治学家试图测量这些制衡要素，其中一个标准是独立的否决点(veto points)的数量，这个数量可以阻止政府高级官员的指令，比如利比亚中央银行的那些资金转移。我和安珂将这一标准引入我们的分析中，发现产生了意料不到的效果。在资源丰富的社会里，这些制衡要素是非常有益的。如果一个社会有着足够多的制衡要素，那么民主制度就会得到很好的实行。在没有大量资源财富收入的国家，制衡要素似乎不怎么影响经济的表现，选举制度运转得也非常好。资源丰富国家对民主的伤害源自于选举竞争。在没有自然资产的社会中，选举制度基本上能约束政府，使政府促进经济的良好发展。但是在拥有自然资产的社会中，那些资源带来的收入很有可能会削弱选举制度，除非有强有力的制衡因素。

所以，资源丰富的国家特别需要强有力的制衡因素。遗憾的是，情况恰恰相反。我们发现，经过几十年的时间，自然资源的收入会逐渐腐蚀制衡因素。这其中的原因不难理解，因为制衡因素是摆在政客和掠夺之间的障碍。

选举制度是解决权力滥用问题的关键制衡要素。资源丰富国家的选举出了什么问题？寻找这一问题的答案就是我最近的研究重点，也是与安珂合作开展的。我们建构了一个全球数据库，包括700多个选举案例，既有选举制度实施很好的，也有实施得不好的。选举违规的法术是五花八门，不胜枚举，有将候选人排除在外的，有贿赂和恐吓投票人的，还有明目张胆地错算选票的。我们问的第一个问题是：选举行为对于选举结果是否重要。如我们所料，是很重要的。在控制了其他对选举结果有重要影响的因素的情况下，在任的政治领导人如果采用违规的手段，就会实现职务的连任，在任期上可以延长近三倍。

因此，选举欺骗具有强大的动力。那么，我们的问题变成了是什么决定了欺骗的可行性。我们发现，选举是干净的还是肮脏的，可以通过一个社会的结构特征进行很好地解释。总体来说，社会结构特征的差异，对是否能公平选举以及公平度，会产生极大的影响。比如，在典型的非洲社会里，其结构特征会降低干净选举的可能性，将几率降低到仅3%左右；而在印度，其结构特征则使得干净选举的可能性上升到80%左右。结构特征的关键内容之一依然是制衡因素的数量，其指标就是否决点。每一个否决点都会极大地提高干净选举的几率。所以，如果在没有很好地确立制衡机制之前就引入选举制度，那么就是自找麻烦。其中的危险在于，如果在任的政治领导人通过违规行为赢得了第一次选举，那么就会极力阻挠建立有效的制衡机制。

但是，在资源诅咒问题上，我们的重要发现是，自然收入会极大地减少干净选举的几率。而且，非常遗憾的是，这个影响还是很大的。现在我们假定有两个国家，除了自然资源禀赋不同，其他都是完全一样的，都处于全球中等发展水平。一个国家是博林共和国（Boring Republic），没有任何自然资源收入；另一个国家是博林斯坦（Boringstan），其国民收入的一半来自自然资源，这个比例相当高，但也不是高得令人难以置信。对于这两个国家的选举行为，我们的分析能作出什么样的预测呢？博林共和国的选举很有可能，哦，了无新意，有95%的可能，这个国家的选举会干净地实施。博林斯坦的选举则有可能成为全球电视屏幕关注的焦点，那里干净选举的几率会下降到只有34%。自然资源的丰富性极大地腐蚀了干净选举的可能性。

我们会问，如果选举没有恰当地组织实施，是否会有严重的后果。从政治的意义上看，答案太明白不过了，这个问题根本就不需要提。在民主基础上选举出的政府才值得信赖，才能将执政的合法性赋予政府。否则，整个民主基础就被弱化了。但是，对于经济发展，这重要吗？

前面讲过，我和丽萨·乔万特曾就选举是否能改进经济政策进行过调研。我们的结果是令人鼓舞的。我们有确凿的证据证明，选举可以约束政府改进重要的经济政策。现在要谈谈我前面提到过的警告。在我和安珂的研究工作中，我们将选举划分为两种，一种是干净的选举，另一种是肮脏的选举。这样来区分是很重要的。只有在选举是公平公正的情况下，选举的约束机制才能发挥作用。如果选举是有猫腻的，即便最乐观地看，也不会给经济政策带来有益的影响。

简而言之，选举过程的腐败导致更加糟糕的经济政策，这在有着充足自然资产的社会中，更有可能发生。这就是为什么我们发现，在这样的国家，在制衡机制缺席的情况下，民主会给经济发展带来令人失望的影响的原因。

最后，我们回到如何能赢得选举的问题。有着干净选举的国家，其政府往往尽心竭力地努力改善经济政策，同时，好的经济发展也极大地提高了选举获胜的可能性。我们的研究结果中有一项对此进行了解释。比如，在选举之前的四年里，如果经济增长速度为5%，而不是停滞不前，那么现执政党继续执政的可能性就增加60%。反之，如果选举不干净，是肮脏的，那么即便经济发展情况良好，也不会给连任带来更多机会，连任执政的可能性不会超过20%。在这种形势下，经济政策就只是回报权贵小圈子，而不是为广大民众谋福利。

在经济发展上，一个难解的谜团是博茨瓦纳。这个国家有很多特色，这些特色都指向发生灾难的可能性。比如国家小，特别容易发生个人专权的危险；资源丰富，特别容易出现裙带政治；是个内陆国家，除开采金刚石外几乎没有其他发展机会。但是，博茨瓦纳却是世界上经济发展最成功的国家之一。

我们的研究结果在最后分析了原因。本杰明·琼斯(Benjamin Jones)和本杰明·奥尔肯(Benjamin Olken)最近在这方面也进行了卓有成效的研究，提出了这样的问题：领导人的作用大吗？其结论是作用大，重要。领导人的更迭会导致经济发展状况的重大变化。我和安珂对此课题重新进行了研究，将有关干净选举和肮脏选举的内容纳入进来。我们想知道公平公正的选举是否会让领导人的作用显得冗余。且不管领导人愿意干什么，如果他们被迫面对一个干净的选举，他们将不得不尽最大的努力履行职责。我们发现，看重领导人更迭的国家往往是那些容易发生贿选或选举欺诈的国家，那些继续当选的领导人都去追逐个人的利益。在这种情况下，如果个人利益大，领导人更迭就显得特别重要。我们猜测，博茨瓦纳成功的秘诀是其第一任领导人全心全意地致力于国家的成功，而不是为了个人的好处。如果第一任领导人更多地考虑个人私欲，那么博茨瓦纳在最初体制和机制不健全的情况下，是阻止不了他们的。博茨瓦纳要感谢它的第一任领导人。也正是同样的原因，那些资源丰富但深陷贫困泥淖的国家，比如安哥拉（Angola），其领导人应该受到谴责。从我们的研究工作可以看到，新保守主义议程是比较幼稚的。如果希望通过选举制度来约束政府，使其作出好的决策，那要依赖一套好的体制和机制，而这需要时间的检验才能建立信任。与其他社会相比，资源丰富国家更需要好的政府决策。但是，那些巨贾豪门会从中作梗，让建立急需的体制机制变得更加困难。在已选择的轨道上，如果有些目标遥不可及，新保守主义就希望结束，不再追求。

决策，决策……

我们现在谈到了哪儿？治理和有价值的自然资产成了双向行驶的街道，二者是相互影响的。来自自然资产的租金腐蚀了治理，很可能使得社会比没有自然资产时还要糟糕。但是，为了能给社会带来利益，自然资产又需要好的治理。我与托尼·维纳布尔斯一直努力就自然资产和治理之间的相互作用进行建模。我们发现两者之间可能存在识阈效应（threshold effect），这与我和贝内迪克特之前的以观察实践为主要方法的研究结果相一致。值得注意的是，治理水平与自然资产的价值是有关联的。在一定的治理水平以上，自然资产的效应多数情况下是有益的，可以促进国家的繁荣；反之，如果在那个治理水平以下，就会迟滞经济的发展。

“治理质量”只是从语言上对决策是否英明以及决策是否恰如其分地实施的别致表述。在开发利用自然资产并用于为普通民众谋取福利方面，并不是只有一个关键的决策，而是有一个决策链。你可能会认为，第一个也是最为重要的决策是，是否应该开采自然资产。这的确是一个必须作出的重大决策，但是正确的答案是：还要始终依赖所有其他的决策。

决策链条上的第一个决策涉及对一个国家地下自然资产的勘探。我会在第 4 章论述为什么在这个阶段容易出现重大错误。下一个决策涉及的问题是:谁将获取国家领土之下的自然资产价值。正确的答案应该是政府。但是否一定是这样呢?我们将在第 5 章探讨这个问题。假设政府真的拿了自然资源价值的大头,那么下一个决策是,相对于获取自然资产,政府消费占总收入的比例应该是多少。正确的答案是:尽管国家可以依法花掉一些自然资源带来的收入,当然公私之间的消费比例还要适当,但是花掉收入的比例应该远远低于从其他来源获得的政府收入。真实情况是否是这样的呢?我们将在第 6 章讨论这个问题。假设国家只是适度地消费了自然资源收入的一小部分,那么决策链上的最后一个决策是:剩余的没有消费的收入该怎样处置?对于这部分资产收入,正确的选择是要看经济面临着怎样的机遇。这是第 7 章要分析的内容。每一个决策都面临着挑战,并且对于自然资产的管理来说都是与众不同的挑战。在多数富裕国家,自然资产仅仅是他们总体收入的一部分,而且比例还很小。因此,这些富裕国家在做自然资产方面的决策时没有付出很多的心力。这种决策上的忽略对最底层的十亿人产生了影响,因为对于大多数最底层的十亿人来说,自然资产要重要得多。

关于拥有最底层十亿人口的国家经济政策的热议,现在实际上是富裕国家经济政策的回声。这一问题真正打动我是在 2009 年 3 月,我当时应邀参加一次会议并做报告。参会成员是非洲资源丰富国家的政府官员。来自国际货币基金组织(International Monetary Fund)的一位官员也应邀参加并做报告。她的 ppt 做得很漂亮,我听着她的发言,意识到她讲的内容也可以讲给世界上任何一个政府听。财政预算赤字要适度,商业气候要有利于投资等等。她说的没有任何不妥的地方,但是却没有考虑到一个资源丰富、收入低下国家所面临的独具特色的决策实质,而这些决策每一个都是很困难的。比如,要“为政府获取自然资产的价值”,这话说起来容易,但是做起来就涉及技术上复杂的激励问题。政府可能会轻易地犯错误，对自然资产处理不当，以至于杀鸡取卵。资源获取中的政治同样是棘手的，很有可能的是，政府代表被私人利益集团所“获取”，一同获取的还有自然资产。

开发利用自然资产从而实现繁荣，需要依靠政府的一系列决策。就一条具体的决策链条来说，如果其中的一个连接点发生了断裂，整个链条就会发生断裂。利用自然资产就是一个非常薄弱的链条问题。

最后，还有一个复杂的挑战是，所有这些决策都不是一朝完成的。开采自然资产并从贫困转到繁荣的过程，毫无疑问是需要时间的，一般来说需要一代人的时间。即便是最初的决策是明智的，后来这些决策也可能会被改变。掠夺总是像幽灵般潜伏在社会里。整个的决策链需要再三地、不断地纠正，从而得以正确地实施。

每一个决策都是艰难的、关键的，也是可以改变的，这就使得自然资产的开采难以保证带来繁荣。资源开采的决策应该基于理性的判断，也就是说，社会具有正确实施决策链、执行决策链的能力。我相信，这是确保经济繁荣的唯一办法，我将在最后一章论述这个问题。但是，如果理性地判断后发现，成功开发利用自然资产的条件并不具备，那么，参与开发利用自然资产的人就会煽动甚或教唆资源掠夺。自然资产真正的所有者并不一定是资源的受益者。很多犯罪行为和一系列的决策有关，每一个决策都会将其道德的一面从整体中剥离出来。正如销赃犯出售赃物而不管其来源但涉嫌盗窃罪一样，资源开采的道德属性是由谁是受益者决定的，而不是由合法性决定的。

判断谁才是其中的受益者，需要了解整个决策链条。我们接下来将一个环节一个环节地进行分析。

第4章

发现自然资产

自然资产的存在一直处于危险之中，由于没有天然的所有者，很容易被掠夺。人类已经经历了很长的可肆意掠夺的年代，那些日益枯竭的自然资产如果依然还有，主要原因是开采难度大。它们静静地深藏在地面之下，这就是它们为什么被叫作“地下资产”的原因。那么，它们在哪儿呢？

被四等分的星球

当今的世界，包括194个国家，正如我们前面提到的，为了分析方便，可以分为四组。这四组大致是四等分，分别是：OECD中的富裕成员国，拥有最底层十亿人口的国家，俄罗斯和中国及其卫星国，新兴的市场经济国家，比如印度和巴西等。每一组都占有地球陆地面积的1/4左右。

偶尔，国境线是由地下资产的走向所决定的。比如，英国殖民主义先驱风闻中非地区有铜矿资源，就将铁路线从南非一直往北推进。他们在现今的赞比亚发现了铜矿带。不过，虽然推进了2 000多英里，他们还是错过了30英里以外储量更为丰富的铜矿藏。这个铜矿藏位于现在的刚果民主共和国东南角。但是，通常来说，国境线一点也不反映地下资产的分布情况。因此,如果认为地下资产在国家之间是随机分布的,这是合理的。

另外,四组中的国家分散在地球各个地方。尽管每组中国家的面积加起来大约等于地球全部陆地面积的1/4,但实际上并不连在一起,没有真正形成四等分。由于地下资产随意地分布在194个国家里,四组里面的国家也是随意地分布在这个星球上,因此我们可以依据大数法则(Law of Large Numbers),实现地下资产在不同组之间的均衡。也就是说,虽然194个国家之间的资源分布有着随意性的差距,可能造成幸运国家和不幸运国家之间的显著差异,但是如果我们将这些国家分成四大组,那么组与组之间的差异就会小很多。

如果一个国家拥有特别多的自然资产,我们从自然资产对社会的推动作用,有可能判别其属于四组中的哪个类别。如果说这一大笔自然资产自发地促进了经济的快速发展,那么拥有更多地下资产的国家可能是富裕国家。如果说这一大笔自然资产总的来说阻碍了经济的发展,那么我们可以期待,拥有更多地下资产的国家就是拥有最底层十亿人口的国家。我在前面的章节中说过,有证据显示,自然资产禀赋有诸多不同的影响,主要是看最初的治理水平。所以,我们不会看到自然资产极端聚集的情况,比如自然资源丰富的国家都是OECD成员,没有自然资源的国家都是拥有最底层十亿人口的国家,抑或相反。考虑到开发利用自然资产的困难,如果有什么情况发生,我们可能会看到自然资源丰富的国家最终会是拥有最底层十亿人口的国家,而且占有很大的比例。由此造成的结果是:与OECD国家所占据的那个1/4相比,最底层的十亿人所占据的1/4的陆地上,就更可能有更多的自然资产。

之所以出现这样的局面,还可能有另外的原因。在过去的200年里,OECD成员国为了实现工业化一直在开采他们的地下资产,而最底层的十亿人只是最近才开始开采。比如,英国从19世纪就进行矿藏开采,大部分煤炭都开采完了,上世纪60年代发现的石油大部分也开采完了。富裕国家的工业化是以资源枯竭为代价实现的,因此,相对于富裕国家,拥有最底层十亿人口的国家应该有更多的自然资产。这些想法的确是与人们关于拥有最底层十亿人口的国家有丰富资源的认识相一致的。贫穷世界有资源,富裕世界有工业。

我曾提到,在新的千年,世界银行按国家制作了一个全球地下资产一览表。我和安珂对数据进行了重组,从而可以看出每个国家每平方公里平均拥有多少资产。我们首先重组的是发达国家俱乐部OECD的数据。截至新千年,在我们星球的这个1/4的土地上,每平方公里的地下资产价值是11.4万美元。所以,即便经过了200年的开采,幸运的是,还依然有很多资源可以利用。

我们现在手上有了发达国家每平方公里11.4万美元的数据,然后转向拥有最底层十亿人口的非洲和其他国家。非洲给人最深刻的印象是:那里有着超级丰富的自然资产,这个世纪,全球经济发展最大的亮点将是非洲出口其丰富的自然资源,而亚洲的工业引进资源。的确,我们可能会想到非洲的自然资产会特别多,因为虽然非洲历史上发生过一些严重的资源掠夺情形,但是与富裕国家相比,非洲的地下资产开采毕竟要晚得多。在最近的演讲中,我让听众来投票,猜一猜非洲每平方公里的地下资产比富裕国家多还是少。投票结果是99∶1,绝大多数人认为非洲的地下资产比富裕国家多。但是,非洲人均每平方公里的地下资产只有2.3万美元。真相是:非洲在地下资产方面的的确确是赤贫的。非洲看起来自然资产富足的唯一原因是它缺乏其他资产,相对于人造资产来说,非洲确实是有着丰富的自然资产。但是与亚洲和南美的拥有最底层十亿人口的国家比起来,非洲的地下资产甚至是贫乏的。全部拥有最底层十亿人口的国家每平方公里地下资产的平均数是2.9万美元,依然低于OECD国家的水平。

现在的问题变成为什么拥有最底层十亿人口的国家的地下资产比富裕国家少那么多。与富裕国家一样,拥有最底层十亿人口的国家也占据着巨大的地盘。仅仅从数据分析的角度看,我们也不会认为两个面积同样很大、地理上随意分布的地盘,在自然资产禀赋方面有着如此大的差异。但是,世界银行自然资产一览表中所依据的指标不是一个国家地下资产的禀赋，而是已探明的资源。当然，那些还没有被发现的自然资产就不能包括在数据之内，不能用于评估。对此，我们不能说什么，我们必须保持沉默。(或者，还有别人能说点什么吗?)

对于这种鲜明的区别，有两个非常可能的解释。一个解释是拥有最底层十亿人口的国家罕见地不走运。如果我们注意一下分析报告，我们自己也可能得出结论，富裕国家之所以富裕，其中一个原因是：那些国家极其幸运，有着很多的自然资产。另一个解释是，拥有最底层十亿人口的国家的地下自然资产即便不比富裕国家多，至少也是一样多，只不过是还没有发现而已。辨别的方式之一是看一看已有的勘探证据。比如，在那些地质上可能存在石油的区域，我们来数一数石油开采的密度。在拥有最底层十亿人口的国家，石油开采远逊于富裕国家。

关于地下资产存在明显差异的问题，那个缺乏勘探的解释在我看来似乎是最有可能性。要我说，关于地下资源禀赋相似性的猜测，其实还是保守的。仅仅通过自然资产开采的短暂历史就可看出，地下还有相当多的资产等待着人们去开采。

因为其他3/4的资源还没有发现，就说拥有最底层十亿人口的国家仅有富裕国家已发现资源的1/4，这有三个方面的重要含义。第一个含义也是本书综合性的主题，是拥有最底层十亿人口的国家的自然资产代表着巨大的发展机会。那些自然资产具有很大的价值，如果利用得当，是可以起到变革经济的作用的。非洲已经从自然资产那里获得了巨大的收入，使得外来援助和其他收入相形见绌。2008年，安哥拉这一个国家获得的石油收入就比拥有最底层十亿人口的国家得到的全部援助总额的两倍还要多。如果将这些收入乘以四，就会等于OECD国家的收入。当然，即便是OECD成员国，也没有全部完成其国土之内的矿藏勘探。矿藏勘探投入高，花费大，勘探技术的改进可以使得资源勘探有利可赚。另外，技术进步还可以不时地让以前不具有开采价值的矿藏值得开采。拥有最底层十亿人口的国家的已知地下资产，即便是增加四倍，相对于未来可以发现的自然资产的真正价值，也是低得多。

第二个重要的含义是，从现在起，在拥有最底层十亿人口、政治上动荡不安的国土内，自然资源的发现将会很不均衡，容易找到的资源早就被发现了。拥有最底层十亿人口的国家的资源勘察，对于全球未来必需材料的供给，具有十分重要的意义。形势已经发生了变化。2000年，来自拥有最底层十亿人口的国家的石油仅占全世界的7%，但是，到了2008年，这个比例已经超过了10%。

第三个重要的含义是我在这儿想强调的。如果拥有最底层十亿人口的国家只发现相当于富裕国家1/4左右的自然资产，那么自然资产的勘探发现过程一定是出现了很大的问题。

发现的困境

那么，自然资产的发现过程应该怎样管理呢？需要避免的一个极端是长时间对自然资产的忽视，另一个极端是像淘金热那样一哄而上。以现有的技术来说，精确地发现地下有什么资产是很花钱的。也许今后技术的进步会使得矿藏发现过程更容易些。于是，人们便有很好的理由，不一下子将整个国家的全部地下资产的信息收集起来。之所以会发生一哄而上式的淘金热，是因为矿藏信息是公共利好的，第一个勘探的人会给其他人提供有用的信息。在经济学上，这种效应被称为“外部性”，也就是说，一个人的行动会在无意中给其他人造成影响，带来福利。

外部性听起来很美，但其实是个问题。最初采取勘探行动的那个人不会不介意溢出到其他人的利益，因此政府在作出对社会有益的决策时，应该考虑到这一因素。如何在决策中考虑外部效应是个挑战，经济学家将其描述为决策过程中对外部性的内化。有两个办法可以做到这一点，这两个办法都涉及垄断专营。第一个办法是实行私有企业垄断专营。比如，政府将国家任一地方的独家矿产勘探权卖给一个公司。因为勘探过程可能会持续数十年，因此独家勘探权的期限也是同样长的时间。第二个办法是政府自己组织矿产勘探，在对国家的地质状况进行调查时，政府可以直接组织人力物力干，也可以雇用公司干。

在特殊情况下，这两种办法可能会获得同样好的结果。一家大的私营公司可能会因为获得独家长期勘探权而向政府支付费用，支付的数额正好等于政府如果自己勘探而获得的价值。但是，在正常情况下，这种办法对社会是不利的。道理是这样的，实用型的技术发现是在基础科研成果的前提下取得的。也就是说，基础科学研究成果中充满着外部性，因此，一个办法是将所有的研究都委托企业开展。但实际上，很多研究，特别是基础研究，都是政府或基金支持的，而不是以营利为目的的企业资助的。同样的原因，一般来说，最初的地质调查最好由公共经费资助，这种调查结果会揭示地方上是否有进一步开发的潜力。

在世界地质版图上，还没有调查的区域大部分位于拥有最底层十亿人口的国家，比如塞拉利昂、利比亚和刚果民主共和国。想一想为什么一个商业性公司有可能以低价获得在这样的国家进行百年独家勘探的权利？

最显而易见的原因是腐败。公司的谈判对象是一个人，或者是一个小集体，这个人或小集体是代表公民利益的，既包括现在的，也包括还没来到这个世界的公民。尽管这些公民利益代表有保护公众权益的职责，但他们也有着自己的个人利益，而且普通民众往往对他们鲜有控制能力。普通民众可能监督不了这些代表所作出的交易，即便是有人怀疑，也没有有效的追索手段。公司对此心知肚明，所以就有行贿的积极性，那些人民利益的代表也就会笑纳送上来的贿赂。交易所涉及的金额如此巨大，有效的监督又如此苍白无力，以致任何其他的行为都显得不切实际。贪污腐败一是让那些参与谈判的政府官员获利，一是让行贿的公司获益，因为公司支付的钱少了。这两方的获益，都是以牺牲普通百姓的利益为代价的。

另一个不太明显的原因是经济学家所称的信息不对称。如果你不了解这个术语的意思，我们就举个例子来说明，就是我知道的东西，而你不知道。假设全球铜业股份有限公司的代表坐在谈判桌前，对面坐的是几内亚比绍(Guinea Bissau)的一位部长。该公司在铜矿勘探方面积累了多年的经验，雇用了世界上最好的专家，以评估各种矿藏发现的可能性，计算未来铜价的涨跌空间以及利润的多少。几内亚比绍的政府官员则没有铜矿勘探和开采的经验，政府也许会雇用一家国际法律公司，期望其尽最大努力提醒自己注意那些看起来无害但实际上暗藏杀机的合同条款。那么你来想一想，在下一个世纪，对于这个国家铜矿勘探开采权的价值，谁可能最了解？信息不对称可能会导致了解信息多的那一方获得更大的收益，这个收益就是了解信息少的那一方所买单的。不过，结果永远都是一样的，公司少付钱。

还有一个更不起眼但是更加重要的原因，是经济学家所说的"时间不一致性"(time inconsistency)问题。这是由于政府不能履行交易中的承诺而出现的。政府是国家的统治者，因此在依法践诺方面会有很大的困难。政府签署的任何合同都可以在它自己的法庭上毁约，撕成碎片。如果公司足够精明敏锐，是可以洞察到拱手送来的交易合同如果太优惠，是不能实现的。我们假定全球铜业股份有限公司的高级管理人员一点不傻，那么在这个交易中，由于时间不一致问题而受损失的将会是政府。不管看起来对双方多么有利，也没有哪个公司愚蠢到愿意签署将要毁约的交易合同。由此造成的结果是：政府损失了这些潜在利益中属于自己的份额。因为要抢奶油，结果把牛奶也弄丢了。我看到的最为时间不一致的勘察交易是哥伦布(Columbus)与西班牙王室签署的。哥伦布率领船队驶向蔚蓝色海洋的时候，他和他的子孙后代从法律上就被赋予了永久拥有所发现土地的 1/4 面积的权利，不管他发现的土地在哪里，也不管他发现的土地有多大。哥伦布尽职尽责地从海上出发了，结果发现了美洲大陆。当然，西班牙王室最后爽约了。但是那个时候，哥伦布也许不像全球铜业股份有限公司那样精明。

下一章还会讨论时间不一致性问题，我将提出制定税收体系，对已经发现的地下资源开采进行收税。统治权不会消失，那么时间不一致性问题也不会销声匿迹。但是,地下资产一旦被发现,这个问题就没有那样严重了。关于出售已知资源的开采权和出售矿藏的勘探权,有一个关键的差别,这就是运气的因素。当然,在企业发展中,是不可能完全摒除运气因素的。但是,勘探一种有价值的自然资产,结果很有可能是两个极端,要么是什么也没有发现,要么是发现了丰富的储量,可以让公司大赚一把。中间的结果,也就是发现的自然资产正好给投入的资本带来正常的利润回报,这是很多其他投资最常见的结果。不过,这样的结果,在矿藏勘探方面是最不可能发生的。这种勘探结果的双峰性,会进一步强化时间不一致性的问题。

如果政府积极向全球铜业那样的私营公司承诺什么东西,而在该公司作出难以撤回的决策以后又食言,那么就出现了时间不一致性的问题。假定人们对一个地区的地质条件一无所知,什么矿藏也发现不了的几率在 90%,发现自然资产的可能性只有 10%,但是如果成功开采,除掉成本后可以获得 50 亿美元的盈利。从这些数据中,全球铜业股份有限公司的经济学家会进行计算,得出"可以期待的价值"。这个价值实际上就是将每次结果的数值乘以发生可能性而得出的。预期的勘探总费用是 5 亿美元,是 50 亿美元的 1/10。假定勘探成本是 2 亿美元,这些支出是先期投入,如果没发现什么矿藏,是无法得到回报的,因为一个里面什么矿产也没有的矿井对任何人来说都是没有价值的。所以,总起来说,公司可能愿意向政府支付 3 亿美元左右的费用,以获得勘探权。这笔钱代表着总费用减去矿产勘探成本后的预期回报。政府可以采取不同的方式来获得这 3 亿美元的收入,但是为了简便起见,我们假定政府决定以预先支付的形式一次性收取。政府承诺提供免费的环境,希望合同签字的时候就获得全部 3 亿美元,这笔钱就叫作"签字定金"(Signature Bonus)。

为了获得勘探权,企业为什么在交付 3 亿美元定金时会犹豫不决呢? 因为勘探的结果只有两个。如果公司什么也没有发现,那就是运气不好,白白花了 2 亿美元,挖了个里面什么资源也没有的矿井。嗨,这就是生意。但是,假定运气好,公司就会通过开采自然资源获得 50

亿美元的收入。这个时候,政府就会有巨大的动力,希望毁约,因为公司除了支出的成本,可以赚取 45 亿美元的利润。如果这个公司能退出,政府就可以将开采权再卖给另一家公司,出售价格大致就是 45 亿美元。也许,政府出于责任和道义要坚守承诺,但是什么事都可能发生,也许会有反对党站出来,指责政府抛弃国家珍贵的自然资产,获得的回报少,是丢了西瓜,换回芝麻。毕竟,公司只是支付了 3 亿美元,但是获得的东西却值 48 亿美元。

全球铜业公司的董事会将审慎地研究这些情景,认识到零税收的承诺存在时间不一致性的问题,然后就会在支付勘探费用上大力砍价。这个问题仅仅是由政府试图将所有费用都纳入签字定金中造成的吗?假定是另一种情况,在签署勘探协议的时候,政府就建立了税收体系,随着开采进程的推进而获得税收收入,那么公司就只需要在找到并真正开采到铜矿的时候才向政府缴纳费用。尽管如此,政府制定的税收制度依然需要给公司留下足够的利润空间,以支付勘探的成本。但是,勘探成本,也就是 2 亿美元,是肯定要花的,而利润只是建立在 10%的成功可能上,所以税收体系必须给公司留下 20 亿美元的利润空间,以支付那部分成本。如果公司幸运地开采到矿产,依然可以赚得盆满钵满。相比于税后从铜矿开采中获得的 20 亿美元,花费在勘探上的 2 亿美元就是小巫见大巫了。不过,那个 20 亿美元,从政治上看很脆弱,不一定能落到公司的腰包里。

当然,我只是将上面的数字罗列出来。不过,就在我写作本章和验证数据的时候,科斯莫斯石油公司(Kosmos Oil)与加纳政府上演了真实版的矿产勘探谈判,出现了纠纷。看来,时间不一致性问题还不仅仅是假设。

把资源勘探作为一种公共服务

关于资源勘探问题,我们说到哪儿了?资源勘探过程有着公益的特征,因此如果有一个主体来承担,那么在促使资源勘探外部性的内在化方面,就会很有效。这么做的一种方式是政府将任何自然资产的专有开采权出售给一个垄断机构。但是，时间不一致性问题会让这个选择无疾而终。通常来说，资源勘探的风险性很高，低收入国家的政府承担不了勘探成本，因此最好是由外国公司来实施。在那个分析中，有个谬误，自然勘探中相当一部分风险不是地质方面的，而是政治上的，因为政府本身是公司不得不考虑的未知因素。由于存在政府可能爽约的风险，矿产勘探权出售的价值就会打折扣。很明显，如果政府自己能够资助勘探费用，就不会有这些风险了，整个勘探过程也更加经济，更加合算。不过，这并不是说政府就自己来组织勘探过程。就拥有最底层十亿人口的国家而言，基本情况是：政府极度缺乏管理能力和人才，而资源勘探又是个高度技能化、专业化的活动。勘探过程应该承包给有信誉的公司，雇用专业人员进行地质调查。

一旦政府获得了可靠的地质信息，就可以让那些信息成为公益产品。这样的信息虽然不能确保一定有好的结果，但是可以极大地增加进一步勘探成功的可能性。如果勘探成功的可能性不是1/10，而是1/2，那么时间不一致性问题的严重性就会大大减少。如果这种勘探能够成功，全球铜业股份有限公司依然能发大财，但是当然，成本和收益比例不会显得那么不离谱，当下政府出售的勘探许可证也不会被未来持机会主义的政府所撕毁。

因此，地质信息不仅显示了每个特定地块开采权的价值，而且降低了政治风险。同时，由于减少了地质勘探的不确定性，地质信息还降低了单个地块勘探的外部性。需要记住的是：正是因为这些外部性，为了获得更大的收益，政府才将全国的资源勘探权整体打包出售给一个机构，而不是按照地块分别出售。按照地块分别出售勘探权的主要好处，是不必要同时将所有勘探开采权都卖出去。因此，政府就可以控制国家自然资产开采的速度。分期出售勘探权有进一步的优势：一旦在一个地块有了发现，就可以将有用的信息传递到其他地块，有助于发现新的矿藏，因此就会逐渐减少剩余地块价值的不确定性，从而提高公司可以接受的地块出售价格。通过分期出售矿藏勘探权，政府可以确保公众获得更多的地质信息，从而增加了未来开采剩余出售权的价值。

尽管如此,将不同地块的勘探权打包合并成更大的地块,可能对政府更有利,因为地块只有变大了,才更有吸引力。这是因为,矿藏开采技术通常更适用于规模开采,矿山越大,开采自然资产的单位成本就越低。在南非的淘金热中,这一点得到凸显。政府以很小的单元出售了开采地块,可能是觉得那样能卖更多的钱。但是,为了将金矿石弄到地面上,每个小单元都要开凿自己的窄窄的矿井。塞西尔·罗德(Cecil Rhodes)首先意识到,如果将这些小的矿产商整合起来,形成规模经济,就会降低开采成本,使得开采权更有价值。顺着规模经济的路子一路走下去,最终形成了垄断专营。在完成整合采矿产业的时候,罗德的公司戴·比尔斯(De Beers)就拥有了每一个矿。但是,整合以后,很多采矿权的收入进入了整合者的腰包,而不是进入政府的国库,这是因为政府出售的地块都太小。

尽管如此,由于矿藏勘探风险太高,所以理想的做法是得到资金援助,而且最好是由援助者而不是政府来承担这些勘探风险。重要的援助机构,比如世界银行可以通过资助很多拥有最底层十亿人口的国家的矿藏勘探,来平均风险。如果在十个国家进行勘探,那么对一个国家 1/10 成功的风险来说,就降低到了可以忽略的地步。

在拥有最底层十亿人口的国家,基础的勘探应该作为公益活动,主要由资助者提供资金支持。但实际上却不是这样,远远不是。比如,在赞比亚,政府的地质学家告诉我,国家自然资产最新的公共信息还是 20 世纪 50 年代的。在赞比亚,距离主干道十英里以上的区域,还从来没有发现过一个矿藏。我最近在一个采矿工业国际会议上做报告,参加会议的很多代表来自大公司。我建议,在向公司出售开采权之前,政府应该完成基本的勘探。对于我的建议,会议上既有嘲笑的,也有恐惧的。也许是我对于某些基本的东西有所误解,我并不排除这种可能性。但也许是公司认识到了个中缘由,而且不喜欢我将它们说出来。

至于请援助者支持公共勘探,截至目前,他们还是喜欢将援助的钱花在更吸引眼球、更有宣传效果的地方，比如建设一个乡村学校或乡间诊所。如果援助者支持地质调查，那么可能会受到爱心非政府组织和环境非政府组织的联合指责，从而吓跑多数开发机构。但是，也正是因为矿藏勘探的高风险，其回报也会很高。就我所知，目前只有中国是免费提供地质调查的。

决策链条中的第一个环节，是发现哪些自然资产可以开采出来。对这一环节，我们就论述到这儿。这个环节，人们还没有给予充分的思考，但是所犯的错误却有很多。仅从数量上看，最底层的十亿人面临的关键问题不是他们的自然资产被掠夺了，而是那些自然资产根本就没有被发现。

第5章

获取自然资产

自然资产一旦被发现，决策链中的第二个环节就是社会如何获取它们的价值。“社会获取价值”意味着自然资产的价值应该作为收入归政府所有，因为政府是社会的代表。

在拥有最底层十亿人口的国家，应该发生的事和实际发生的事之间往往有个鸿沟。自然资产的价值是被获取了，但并不总是进入政府的国库。有时，我们会发现最赤裸裸的掠夺。比如一位腐败的政府部长与一个不正当的资源开采公司达成交易，部长得到很多好处，将开采盈利中他的那一份存入外国银行。开采公司赚了钱，会为它的股东带来利益，但是那些股东没有一个人是这个国家的公民，因而自然资产就这样从这个国家被转移走了。

这类故事中隐藏着两个明显的问题。最显而易见的是腐败，与资源勘探阶段的情形是一样的。国家及其公民的利益必然由其政府来代表，但其实不是由整个政府来代表的，而是只有少数人，可能是总统、矿产部部长以及几个高官来代表的。矿产开采公司贿赂这些代表人物，诱使他们忽略肩上的责任，追逐个人的利益。当然，贿赂从来不会贴上“贿赂”的标签，那些钱被名之为“疏通费”（facilitation payment）。通常由资源开采公司拨付给当地公司，主要是用于支付没有特别说明的服务费用,其受益者是不透明的。

抵制腐败

抵制腐败有两个办法,一个是公开透明,一个是有效的法制系统。因为政府是腐败相关方中的一方,所以往往不愿意实行公开透明,也不愿意进行刑事调查。不过,幸运的是,这两个办法在国际上都是强制实施的。

"公开你支付了多少钱"(Publish What You Pay)活动向资源开采公司施加压力,敦促它们公开向政府支付的金额信息。这个活动的逻辑是,一旦公司对政府的支付变成公开信息,那么腐败的官员和政客如果想侵吞这笔钱,就会变得非常困难。国民就会将公司支付的钱与政府的收入进行对照。钱一旦进入政府预算,国会就可以追踪,但是如果没有进入预算,那就无法进行监督。这个运动一开始是由一个很小的非政府组织发起的,但是现在已发展成为一个国际组织——"矿产开采业透明行动"(Extractive Industries Transparency Initiative,EITI)。

公开透明还远远不能防止腐败,但是如果没有公开透明,就会非常容易发生资源掠夺。几年前,我应邀到喀麦隆给非洲官员做关于自然资产管理的报告。遵循这类会议通常的做法,总统致开幕词。与会人员对总统不吝谀辞,称赞他多年来为国家发展而作出的不懈努力。会议是在宾馆举办的,当然是一个非常豪华的、全国最有名气的宾馆。不过,我注意到,宾馆里并没有网络覆盖。会议结束以后,我开车从首都雅温得(Yaoundé)到海港城市杜阿拉(Douala)。所走的路不仅对于喀麦隆人来说,而且对于处于内陆的中非共和国(Central African Repute)来说,都是主要的交通大道。此行结束时,我认识到,不管总统将石油收入的钱花到哪儿,这些信息既不会在网上,也不会在路上得到体现,而网络和道路对于经济发展都是极为重要的。2009年,科特迪瓦经济学家阿尔伯特·修法克(Albert Zeufack)和加拿大学者伯纳德·高瑟(Bernard Gauthier)就喀麦隆的石油收入发表了研究成果。这项研究具有开创性,因为关于石油开采收入了多少钱,这些钱是如何使用的,没有一点官方的数据。不过,这两位学者将相关的信息整合在一起,进行了非常出色的研究。他们把非政府组织“矿产开采业透明行动”发布的生产信息,以及从不同渠道获得的成本和价格数据结合起来,推测出石油开采的大致收入。在此基础上,他们与国家财政预算中的官方收入进行了比较。

喀麦隆总统长期以来把石油收入游离于预算之外。事实上,1986年以前,他把大部分的石油收入放在海外,存在秘密的国外账户上。那个时候,这个做法受到世界银行的赞赏,认为那是审慎的,将石油收入隐藏起来,就减少了国内将这笔钱花费的压力。1986年石油价格猛跌的时候,总统确实是把一些钱转入国内,从而维持不断发生的政府支出。但是,很多钱再也没有回到国内,而且无声无息地消失了。不论是那时,还是从那以后,喀麦隆国内都没有任何投资。我看到的,或者我没有看到的,都只是冰山一角。

所以说,公开透明很重要。目前,喀麦隆政府与“矿产开采业透明行动”就一些原则达成了一致。这些原则包括政府应该发布已审定的账目,上面要显示收到了多少钱。或者至少,“矿产开采业透明行动”英文版提出的原则是这样说的。遗憾的是,在法文版上,有一个关键的点是有歧义的,而政府对歧义的解释是:政府是可以免除发布相关信息的责任的。阿尔伯特和伯纳德进行了调查,目的是看看自从政府与“矿产开采业透明行动”签署协议以后,政府预算中的石油收入份额是否有所增加。他们的结论是:截至那时,石油收入没有增加。看来,关于公开透明的战争,还没有取得胜利。

另外一个对付贿赂的国际措施是:资源开采公司所属国家的政府对其贿赂行为进行惩罚。如果采矿公司不行贿,政府官员就不能将钱从公共账户里转移到私人腰包。只是在最近,总部设在富裕国家的公司如果行贿,才被认为是非法的。不过,富裕国家的政府谁也不愿意带头实施,因为如果实施,就会使自己国家的公司处于不利地位。最终,这个问题是OECD解决的,OECD组织各成员国统一在国内法律中进行了的改变。不过,说某个东西违法是一回事,真正提起诉讼则是另一回事。有些政府,特别是英国,截至目前还没有实施过新的法律。我刚刚收到邀请,英国打击严重欺诈办公室(Serious Fraud Office)请我以专家的身份参加其第一次诉讼。由于显而易见的原因,我不能调查了解这个案件的大部分细节,但是有一个细节是很能说明问题的,这个细节显示出为什么贿赂会对一个社会造成崩溃式的破坏。接受贿赂的人多年都不会收手,他一开始可能是个中等级别的政府官员,但是,随着受贿数额的增加,他可能更有实力实现更大的政治野心。假以时日,他会被选进国家的议会(参考第 3 章关于金钱如何有助于赢得选举的论述)。到受贿被发现的时候,他已经身居高位,成为权倾一时的政府部长了,负责制定重要经济领域的政策。贿赂的成本不只是行贿受贿时的金钱数额,它对于政治选举具有极大的腐蚀作用。那些贿赂可能会将正直诚信的君子拒于政府之外,而正直诚信的官员会制定有利于国家利益的政策,不是为了谋取个人私利。

实现公平竞争

外国公司行贿腐败官员,这个事看似简单,其实蕴含着第二个,也是更微妙的问题。腐败部长可能自己是被公司暗算了,因为在我上一章介绍的信息不对称问题上,他处于弱势一方。对于他所负责的矿藏合同的价值,他完全没有向他行贿的公司了解得多。

为了解决信息不对称问题,有一个机制上的措施,这就是通过拍卖的方式出售矿藏开采权。拍卖可能很复杂,但是可以为洞察一切的公司和一无所知的政府提供一个公平博弈的舞台,关键是要有几家公司相互之间进行竞价。根据拇指原则,好像需要四家左右的公司。如果只有两家,比如说是全球铜业和联盟铜业(Allied Copper)公司,那风险就太大了,两家公司将暗地里做交易。全球铜业同意在这一轮竞拍中压低价格,联盟铜业作为回报在下一轮竞拍中压低报价。如果出现另一个极端,比如有二十家公司参加竞拍,那么任何一家公司成功竞拍的几率就太低,因而不能切实了解先期投入的信息,难以对勘探开采权的价值作出了准确的评估。如果每家公司都扪椟估珠,那么它们的报价就会很低，最终有一家会成为幸运儿，而政府对结果则感到很沮丧。尽管拍卖可能会出问题，但是如果做得好，不论政府对于矿藏勘探了解得多么少，旗鼓相当的竞拍者之间的竞争会无意间显示出矿藏勘探和开采权的真正价值。

关于拍卖的效果，这儿有一些有力的证据。2000 年，英国财政部决定出售使用权，而且认定这个权利非常值钱。不过，这些权利不是关于自然资产的，而是关于移动电话网络的。但是，就我们的目的来说，并没有什么差别。英国财政部有阵容豪华的专家队伍，因此决定与一家电信公司磋商，商定移动电话网络权利的价格应该是 20 亿英镑（大致是 35 亿美元）。英国纳税人幸运的是，在最后关头，一些经济学家成功地说服财政部认识到，即便是其拥有权威的专家，也可能因为信息不对称而处于不利的境地。换言之，英国财政部了解的信息可能不充分。这一次，财政部接受了经济学家的建议，以拍卖的方式出售了移动电话网络权利，获得的收益不是 20 亿英镑，而是 200 亿英镑。我告诉在非洲政府工作的朋友，英国财政部虽然有非常厉害的专家队伍，但是依然走了眼，估价竟然有十倍的差距，然后我问他们，非洲国家财政部门在磋商出售勘探权的时候会有什么样的结果。后来，我将同样的问题抛给塞拉利昂的总统，第二天，他就给世界银行打电话，咨询如何组织拍卖。

但是，一个政府不应该在一次拍卖会上出售所有的自然资产勘探权，应该通过从采矿公司的采矿收入中课税来保留其自然资产中的利益。不过，如果政府随心所欲地设定税率，那么公司能买到什么呢？公司只能买到自己的采矿收入完全被课税的权利。这样的采矿权利不会值多少钱的。仅仅组织一次好的拍卖会还不够。公司在决定出多少价竞拍前，还需要准确地知道税收制度是怎样的。

税制困境

税收体系如果设计得有瑕疵，会在很多方面体现。一是会让公司为了减少税负而降低税前利润，造成效率低下；二是会将太多的风险转移到政府。在全球商品价格居高的时候，这种税收体系可能会给政府带来巨额收入，但是在价格走低的时候，就会一点税收也没有。政府可能难以应对和处理税收收入中的剧烈动荡。还有一个缺陷是，给公司留下了太多的利润空间。如果对开采权进行拍卖，那么即便是给企业留下了太多的利润空间，也没有多大关系。低税收的损失可以通过公司竞拍中出的高价获得补偿。不过，通常来说，承诺低税收本身就是一个问题，时间不一致性的问题也会再度抬头。政府承诺低税收是一回事，践行承诺是另一回事。一旦公司投了钱，比如投资开矿，政府对自己利益的计算会发生变化。即便是政府作出的承诺在商业上听起来很美好，但是要政府践行那个承诺，就很可能不美好。公司一旦进行了不可逆转的投资，那就会成为既定成本，即便政府不履行协议并征收更高的税，公司依然有动力把矿山经营下去。事实上，公司几乎没有弥补和追索的手段。正是因为预先就认识到这一点，为了抵消低税收承诺爽约造成的损失，公司的竞拍出价不会很高。

政府可以减少时间不一致性问题的发生，当然不能完全根除。它可以在拍卖活动开始之前宣布，资产收入主要靠税收的形式获取，而不是通过拍卖价格。政府应该尽可能地通过法律手段确定税收结构，但是如果税收结构的设计能够避免出现严重的效率低下，允许出现紧急情况，那么可能会更加令人信服。

最明显的紧急情况是，商品的国际价格可能会发生变化。商品价格极易变动不居，即便是长期的平均价格，也是难以预测的。如果所有的风险都由公司承担，最终达成的交易可能不会太好。最近赞比亚恰恰就发生了这样的案例。在世界铜价遭遇历史新低的时候，拥有主要铜矿的国际企业盎格鲁-美国人公司(Anglo-American)决定退出。由于矿山的关闭会引发失业并进而造成灾难性的政治影响，政府必须将矿山重新国有化，或者是找个新买主。政府深知，实现矿山盈利的最好办法是投入巨资，打一口很深的矿井，开采那里的矿石资源。如果是让政府来投入这笔资金，连门儿都没有。因此，政府就只有吸引国外公司，把铜矿开采的税率定得非常低，这听起来合情合理。有一家公司进来了，只是赞比亚政府及其顾问忘了考虑这一点：如果世界铜价大幅度攀升，铜矿开采就会再度盈利。对于这样的可能性，合同的条款里没有任何地方提及。恰恰相反，合同承诺了 15 年的低税收，而且没有任何附加条件。也许，不论是政府，还是公司，都认为铜价上涨是不可能的，根本不需要考虑。

但是，合同签署还不到五年，世界铜价开始猛涨。到了 2008 年，铜价再创新高，为公司带来了巨额利润。由于低税收的承诺，政府从铜价上涨中几乎没有得到什么好处。尽管有 20 亿左右的商品出口，铜矿公司上交的税收只有 3000 万美元。即便这样，上交的税也是夸大的，因为公司在电力方面还得到政府的专门补贴。世界银行估算，如果赞比亚与智利(Chile)等其他主要铜矿石出口国一样，实行同样的税率，那么它每年获得的收入将会在 8 亿美元左右。

在这种情况下，我认为对合同进行重新磋商是迫在眉睫的，因为最初的那个合同在条款设计上存在严重的瑕疵。对于重启谈判是否明智，人们进行了热烈的讨论。当我向赞比亚政府以及国际组织的官员提及此事时，得到的反应是，政府需要保护自己的声誉。我自己的观点是，赞比亚政府的名声每年不值 7.7 亿美元，但是我担心的是，我把这个问题通过官僚体系捅到了高层领导那里，也许我是做错了。我记得，我被领进一个有足球场那样大的办公室，一同进来的还有赞比亚的管理团队。那个官员听了我说的一些数字，在一张纸上胡乱划拉一些东西。“他们不需要经济学家，”他说，眼睛轻蔑地扫视了一下我和他的部下，“他们需要一位律师。”我感到自己尽到了责任，但是结果却很糟糕。政府的确重启了谈判，但是过程混乱不堪，时间旷日持久，当然也损害了政府的名声。但是，在新税率实施的那个月，全球经济危机爆发，世界铜价崩溃。公司立即给政府施压，要求废除新税法。故事到这儿还没有结束，过了几个月，世界铜价再次飙升。这就是本书写作时的状况，低税率和高铜价。

现在反思这个事件，得到的重要教训是：一个税制结构应该建立在包括应急情况的基础上。全球价格的波动不仅是一种可能性，也是一种必然性。而且，价格变动对于盈利的影响也很容易计算出来，因此，在设计制定最初的税制条款时，没有理由不考虑这种情况。

遗憾的是，我们还没有解决腐败和信息不对称的问题。在专家之间的一次争论中，这些问题再次出现，争论看起来深奥难懂，事实上却简单易懂。争论的焦点是：是否应该以"超额利润税"或"许可使用费"的形式提高收入。让我们来比较一下一家制造企业和一家资源开采企业。两家企业都有盈利，但是制造企业的盈利是对投资和承担风险的回报。资源开采企业的盈利一部分也是来自其投资和承担风险的回报，但是最主要的盈利是从出售自然资产中获得的。在有些情况下，开采的成本和存在的风险可能都是非常小的，而自然资产可能是一大笔财富，因此公司利润的绝大部分实际上是从出售属于公民的自然资产中获得的，这就属于超额利润。经济学家把"利润"定义为投入资本和承担风险的回报，任何超出的部分都是"租金"。不同自然资产的租金是有差别的，一桶石油大多数的价值是租金，而一吨煤炭大多数的价值是对开采中投入资本和人力的回报。

如果税务机关和采矿公司恰好掌握同样的信息，理想的办法是：按照收取制造业公司同等的税率，比如30%，征收正常的所得税，对于超额利润或租金，则征收99%的税。从本质上说，租金不是对投入资本或承担风险的回报，因此公司不应该得到。所以，如果采取这个办法，超额利润税可以达到许可使用费达不到的目的。许可使用费是个更为简略的手段，其数额与毛收入有关，而不是与净利润有关，因此会带来效率低下。但是，利润税的优势需要依赖一开始的警告，税收机关需要像公司那样，知道同样多的信息，这个警告可能会有很多的内容，因为我们可能处于一个极端信息不对称的世界里。公司可以精准地区分利润和租金，但是税务部门却区分不了。赞比亚税务局(Zambian Revenue Authority)的一位雇员以毫无顾虑的坦诚对我说："那些公司拥有最好的会计。"由于掌握更多的信息，公司在磋商中常常获得对它们绝对有利的税收协议。蒙古(Mongolia)现在出口几十亿美元的金子。开采金矿的公司对蒙古政府解释说，它投入了大量的资金,在同意合情合理的税收条款的同时,建议一开始有个免税期。这家公司得到了八年的免税期,于是全力以赴地开采金矿,在七年的时间里,金矿就要开采殆尽了。

现在再说一下腐败问题,在这种情形下,政府腐败意味着公司具有欺骗的动力。与超额利润税相比,许可使用费有一个重要的好处,这就是,对于税务机关来说,毛收入比净利润更容易监测。这并不仅仅是假想。智利政府享有高度机敏的声望,但是在 2006 年,它把对铜矿的超额利润税改成了许可使用费。之所以这样做,是因为自从实施超额利润税以来,一分钱也没有征收上来。不知怎地,铜业公司一直没有获得净利润,毛收入虽然多,但都被庞大的支出抵销了。

信息不对称和腐败可能在刚果民主共和国达到无以复加的地步。2009 年 10 月,《金融时报》(*Financial Times*)报道说,在大约 10 亿美元的金矿出口上,政府所获得的收入只有 3.7 万美元。当我向该国财政部长提出这一问题时,他怀疑数据的准确性,但是也承认存在着很大的走私问题。

如果政府税务机关雇用专业会计师事务所来审计公司的账目,两者之间信息不对称的差距就可以大大缩小。尼日利亚政府亡羊补牢,在 2004 年进行了公司审计,获得了一大笔逾期支付的意外资金。这实际上是在不同类型的问题之间寻求一个最佳的平衡点,我个人认为,现实可行的税收制度应该包括许可使用费内容。

噢,我们现在说到哪儿了?明智的解决方案是,在设计税收结构时,应该包含显而易见的紧急情况。考虑到公司活动的易于审查性,也不能牺牲太多的效率。然后,政府应该竭力遵守税收规定。不过,政府信誉的关键是,税收系统能否适应不同的情况。税收制度一旦实施,政府所组织的拍卖就反映了它最关心的维度。当然,那个维度可能是金钱,通常也是这种情况。政府会要求公司回答,为了获得某一地块的专属矿产开采权,愿意预付多少费用。这笔钱就是签字定金。如果处理得当,急需现金的政府还是很划算的,可以提前几年获得资金注入。如果是税收收入,则要到矿产开采开始后才能实现。但是,双方的讨价还价并不一定是围绕着金钱，还可以是开采公司能够为当地创造多少个就业岗位。

在博弈的背后，有两个关键的原则决定着交易的成败。一个原则是，不管条款是什么，都必须是可审查、可实施的。签字定金在这一点上有优势，因为如果公司不支付资金，政府就不签字。创造就业岗位的承诺则麻烦得多，通常来说，政府没有办法进行核查，所以公司承诺的就业岗位就比真正创造的岗位要多；另一个原则是，如果拍卖涉及不止一个维度，那么每个维度的“权重”，也就是它们的相对重要性，必须事先搞清楚。否则，拍卖过程就很容易出现腐败行为。参与竞拍的公司可能会贿赂官员，在一个维度上给出优越的条件，而在其他维度上给的条件很差。接受贿赂的官员会操纵权重的比例，从而使行贿公司赢得竞拍。

签字定金很有用，但也可能成为一种威胁。很显然，税率越低，从签字定金那里获得的数额就会越高。这可能促使政府杀鸡取卵，为了眼前的金钱而牺牲今后的收入。最容易采取这种做法的政府是不大顾及未来的规划的。因此，签字定金会因为狡诈或短视的官员而促进对未来资源的掠夺。

进入新千年，过去资源开采的丑行是那样昭然若揭，因而出现了改革的氛围。我所勾勒的税收体系，将自然资产的收入纳入政府预算，进而归公民所有。这一设想看起来在未来的十年里将逐渐被采用。不过，后来发生了前所未有的全球商品繁荣以及所谓的抢夺非洲第二季（Scramble for Africa Mark II）。抢夺非洲第一季（Scramble for Africa Mark I）就是人们熟知的殖民主义，那是不同的欧洲帝国主义列强对非洲大陆自然资产的瓜分争抢。抢夺非洲第二季针对的是那些同样的资产，但主要是在亚洲和北美之间发生的。

在这个第二次争夺中，中国提供了新的交易模式，避免了肉搏战式的竞争。中国在非洲营建基础设施，目的是交换获得资源开采权。事实上，这样的交易也不完全是新的，上世纪70年代，欧洲政府就曾磋商过这种模式。但是在中国这样做之前，欧洲就放弃了这种交易模式,因为这种交易模式不够透明,所以欧洲和美国的资源开采公司现在都是投入资金。中国提供基础设施的做法和欧美公司出钱购买的办法,是半斤对八两的,但并没有出现势均力敌的争夺。在与中国达成的交易中,开采权的出售都是秘密进行的,没有直接的竞争。

由于交易中的基础设施建设和开采权都没有明确的金钱价值,我们很难看出这些交易是否对非洲特别有利,或者是否对中国特别有利。对于中国的做法,国际社会的反应是谴责,因为交易应该一码是一码,要分开算,资源开采权的钱要支付,非洲政府也要支付基础设施建设的钱。那样的话,交易就会对国际社会开放,实行公开竞争,确保公平的价值。中国的交易,因为都是秘密磋商的,所以可能会产生我们所论述的那些问题,像腐败、信息不对称和时间不一致性问题等。但是,国际社会对于中国的微词,已经产生了预料中的反应。2008 年,EITI 的执行官对此非常担忧,就请我给他提出一个建议。下一章我会阐明这个建议。

为什么不将自然开采国有化

如果资源开采公司通过贿赂、信息不对称以及反映时间不一致性问题的折扣等综合招数蒙骗政府,如果矿产勘探最好是由政府出钱,那么为什么不让政府来组织开发自然资产呢?为什么不通过国有企业来管理自然资产呢?我能感觉到我的同行有点恐惧得发抖,他们认为政府不应该直接参与经营任何经济活动。

实际上,有几个国家的政府确实是自己经营资源开采的。尽管最近几十年来,根据传统的经济智慧,政府已经不直接参与经济活动了,但是事实上,这种做法也不都是不好的。挪威政府可被视为如何管理国有资产并为普通民众谋福祉的典范,在石油发现之际就成立了国有石油公司,赋予它石油开采的核心地位。这样做的一个好处是:政府在开发北海油田资源的过程中,逐渐积累了经验和技术,几乎完全根除了信息不对称的问题。*啊,你可能会这样想,那是挪威;发展中国家就不同了*。但是,马来西亚也作出了同样的决策,而且经营得同样好。马来西亚的国有石油公司现在是世界上石油开采的重要力量，可以毫不逊色地与私营企业进行竞争。现在，马来西亚是一个非常成功的中等收入国家，但是在成立国有石油公司的时候，马来西亚很穷，在贫困中挣扎。

尽管如此，更为常见的现象是，国有自然资源公司不是惨淡经营，就是破产倒闭。从马来西亚跨过马六甲海峡（the Strait of Malacca）就是印度尼西亚（Indonesia）。印度尼西亚成立了国有石油公司，名字是 PERTAMINA，这个石油公司很快就成为一个国中之国，早早地划上了发展的句号，在第一次石油繁荣的时候就经历了轰轰烈烈的破产。另一个国中之国是赞比亚国有铜业公司 ZCCM，收购合并了很多私营矿山。这家公司的管理人员慢慢地、彻底地葬送了企业，不断增高的运行成本将巨额的利润化为乌有。事实上，赞比亚自然资产的价值都被国家信任的管理者侵吞了。

挪威和马来西亚为什么能够成功而多数国家失败了？因为这两个成功的国家都有着诚实的领导人，都有一批心系国家利益的公务员。在斯堪的纳维亚半岛（Scandinavia），挪威一直勉力生存，曾一度是丹麦（Denmark）的殖民地，也曾长期生活在瑞典（Sweden）的阴影之下。挪威的政府官员认识到，石油为挪威的后来居上提供了机遇。马来西亚的周边是敌国环伺，邻国对其充满着敌意，国内占多数的民族马来人比占少数的汉族人穷得多。负责经营马来西亚国有石油公司的官员几乎都是马来人，他们也认识到石油可以帮他们的国家迎头赶上。但在多数国有公司，鲜见那种浓厚的国家利益情感，公司的大小官员利用他们的职位为自己的家庭谋私，腐败使他们实现了那种不可告人的目的。

目前，国有自然资源公司非常时尚。我最近到西非（West Africa）参加了一个会议，其中一半的与会代表来自石油资源丰富的国家的政府部门，另一半代表来自国际石油巨头。所有政府官员想谈的都是如何建立国有石油公司，而所有石油企业想谈的都是它们的社会公益项目如何为当地人建立了学校和诊所。我则建议，如果他们交换一下角色，就会变得更加简单。政府可以成为石油公司，而石油公司可以成为政府。我怀疑成立国有自然资源公司的主要动力是现在政府预算审查更为严格，而在政府公司内，收入情况可以不透明，支出要求可以忽略不计，这可能是很有吸引力的。如果没有公开透明，腐败几乎是不可避免的，也就会发生最赤裸裸的自然资产掠夺。

问题的影响范围

本章和前一章带着你了解了如何从国家自然资产中获得更多资金的问题。在利用这些资产实现国家发展的河流中，这属于上游的部分。有些地方可能看起来浅显易明，有些地方会则晦涩难懂，但总的来说，都具有很重要的意义。截至目前，自然资产的收入是非洲最为重要的经济活动。但是，非洲政府出售采矿权的方式大大低估了矿产资源的价值。采矿公司获得的开采合同非常便宜，公司支付的费用被政府的蠹虫侵吞，这一切大大减少了自然资产价值进入国库的比例。我不清楚过去几十年来那个比例到底是多少，但是我想那个比例可能不到 50％，不会占到总数的一半以上。

不过，即便是这些问题让人感到压抑，但与资产的发现相比，就显得不值一提。如果非洲真的像 OECD 成员国那样，每平方公里有同样多的自然资产，那么现在其实际的资产值是已经发现的五倍左右。总的来说，这些问题可能减少了不可再生自然资产开采所获得的收益，进入政府国库的收入只有真正应该获得收入的 1/10 左右。这些问题的影响范围之大使得关于发展援助是太多还是太少的争论退居边缘，但是，如果说描述这两章所涉及的问题用了一个词，描述发展援助的问题却用了数百个词，甚至数千个词。

第6章

出售传家宝

我们已经艰难地论述了“上游问题”，也就是如何把收入纳入到国库之中，现在轮到论述“下游问题”，也就是如何使用这笔钱。本章聚焦一个关键的选择题，即开发自然资产带来的钱应该惠及当代人还是未来子孙。为了惠及当代人，钱应该用在消费上。为了惠及未来子孙，钱应该省下来，延迟消费，把自然资产带来的收入用于获取其他资产，以便保值。经济学在某种程度上是一门还原主义科学，将这一选择的特征明确地表述了出来。在现实中，很多人从节省中获得快乐。一想到节省下来的钱将来可以买某些东西，你现在就感到快乐，这并不是说你有着守财奴那样扭曲的价值观。但是，经济学家通常是从这样的快乐中进行抽象思考的，认为现在唯一能带来幸福的东西是效用，也就是当下的消费。所以，为未来而节省，就是将幸福从现在转移到将来。尽管这样说显得很直白，但确实是抓住了现实的一个鲜明特征。我们多数人并不是守财奴，我们之所以节省，是因为审慎，但消费是更令人愉快的。

我们现在触及到问题的核心，在不可再生自然资产丰富的社会里，政府起着什么样的作用？从本质上看，自然资产的开发利用是不可持续的。总有某个时候，油井会干涸，铜矿脉会枯竭，资源收入会终止。

“不可持续”这个词会让每一个环保主义者脊骨发凉。但是，不能因为开发利用自然资产不可持续就禁止自然资产的开采。使用不可持续的自然资产，唯一可持续的，就是零使用，也就是不使用。不过，如果我们从来不使用不可再生资产，那就相当于它不存在，把婴儿和洗澡水一起倒掉了。在这一点上，可持续性的含义定的标准太高了。经济学的做法就很有帮助，提出了更有意义的概念，即可持续性并不是要保存。尽管有这样那样的问题，但是世界总体上保持了经济增长，200 年来，还没有任何一个单独的经济活动能够持续至今呢。增长并不是每一个东西都变大，它更像是穿越冰流，如果你停止不动，那就会落水淹死；如果你一直走，即便是每一步都不是可持续的，你却能够生存下来。在 19 世纪，英国政府担忧，由于要制造船舶的桅杆，所有的高树将会用光。当然了，后来发生了变化，在某个时间节点上，船舶再也不需要木材了。

因此，如果说要决定耗尽一种不可再生资产，那么在本质上并不是经济罪恶。资产耗尽的伦理在于由此而产生的钱如何使用。我曾提出，从伦理上尊重未来人口的权利是我们义不容辞的责任。我们可能不是自然资产的保管人，但是我们是自然资产价值的监管人。我们没有义务把地球变成一个巨大的博物馆，将大自然干干净净地保护在橱窗里。尽管如此，我们有责任不去掠夺自然资源，因为我们不像拥有制造出来的资产那样拥有自然资产。我们可以通过将同等价值的其他类型资产传承给未来子孙，来履行我们的伦理义务。这个问题归结到一点就是，我们对自然资产带来的收入应该消费还是储蓄下来。我们有责任进行储蓄。

这代表着对不可再生资产所获收入进行伦理使用的黄金定律(golden rule)，揭示着这类收入应该与正常的税收收入有所不同。通常来说，我们可以推测，随着经济的增长，税收收入会增加，是可持续的，因此可以用作消费。检验资源丰富的国家的政府是否具有伦理上的责任，要看其自然资产耗尽带来的收入的储蓄率，是否高于其他税收收入的储蓄率。随着自然资产的耗尽，政府是否积累了可以替代自然资产的人造资产？

不可持续收入的储蓄率是否高于可以期待的持续收入的储蓄率？也许你没有严肃地考虑过这个问题，对于你的收入，你大概只是有一个总体的储蓄率。同样，对于政府来说，也难以明确哪部分储蓄是来自哪部分收入的。不过，我们可以期望，那些收入主要来源于自然资产耗尽的政府，应该比收入完全是可持续的政府的储蓄率要高，这是合乎情理的。比如，非洲的大多数收入来自资源开采，那就应该比"发展中的亚洲"有更高的储蓄率，因为亚洲的收入主要来自工业。事实上，情况恰恰相反。非洲的储蓄率平均是国民收入的20%左右，而发展中的亚洲的储蓄率约为其两倍。

虚幻收入

如果要提高开采自然资产所获收入的储蓄率，我们首先要了解那些收入是由什么构成的。我在上一章介绍的"公开你支付了多少钱"活动就是在这个问题的启示下开展起来的，组织者认识到，在很多资源丰富的国家，普通民众根本不知道国家收入都包括什么。公司和政府都对政府收到的钱秘而不宣。但是，现实中存在的问题更多，因为政府有时候也弄不清国家收入中到底有哪些是源于自然资产的开采。

出现这种情况，并不是因为政府愚蠢，而是因为政府管理的经济有时候运行得很神秘。有些收入看起来是来自一个地方，但最终结果却显示来自另一个地方。在很多低收入国家，增加税收收入是很困难的，很多经济活动是"非正规的"(informal)，参与的人都是一家一户的农民和街头小商小贩。这些人根本没有什么账目往来记录，事实上，有些人根本就不识字。很多买卖都是现金交易，没有留下任何纸质证据，税收人员无法查找。就国家税收基本的盘面而言，可以征税的大型正规税源很少。一个容易查询追踪的可征税源是进口产品，这些产品不是从码头就是从陆地进入海关，所以很容易监督。尤其是，进口产品永远都会留下纸质交易的痕迹，它们必须进行资金往来，必须进行投保。因此,在低收入国家,国家税收的主要来源是进口商品征收的关税。

在收入低、资源丰富的国家,进口关税和资产收入是两大收入来源,是政府财政预算的两大支柱。这是否意味着对自然资产开采征收的税和收取的许可费是不可持续,而对进口商品征收的关税是可持续的呢?事情没有那么简单,那些进口商品关税的潜在来源依赖于谁在支付进口的费用。进口商品的费用是用出口产品的钱支付的,而在资源丰富的经济体中,主要的出口产品就是从地下开采的自然资产,而且常常是唯一的出口产品。比如,在尼日利亚,石油占其出口总额的98%。由此造成的最终结果是:出口产品的收入只是用来购买进口商品,所以进口商品关税实打实地等额降低了出口产品的价值。考虑到尼日利亚政府是石油出口的受益者,因此实际上是政府在自己支付自己的关税。所以,在尼日利亚和其他依赖自然资源出口的国家,进口关税收入是独立性的税收,是个彻头彻尾的虚幻景象。进口关税只是获取石油租金的一种间接方式,是非常棘手的,效率也是很低的,更是难以剔除的。

由此形成的结果是:多数收入低、资源丰富国家的政府甚至没有意识到,他们国家收入的绝大部分都是直接或间接地源自对自然资产的开发,所以说他们的收入是不可持续的。如果这些国家收入的储蓄率只有20%,正像今天非洲的情况那样,那么可替代资产的积累是完全不能弥补对自然资产的开采的,国家收入也会因此崩溃。非洲国家疏于对自然资产进行科学完善的管理,没有节省使用自然资产的租金。如果政府不做好资源节约,我们就会又回到掠夺的世界。我在上一章定义的掠夺是赤裸裸的,指的是自然资产的内在价值被外国公司所抢夺,或是被腐败官员所窃取。在这一章,掠夺则呈现出更加微妙的方式,这就是把来自自然资源的收入用在消费上。今天的公民是有决策权的,但是如果资源收入只用于消费,未来人口的权利就被剥夺了,与那些更赤裸裸的掠夺没有什么两样。

我们把国家收入分为可持续和不可持续两类,这是很有帮助的,但也只是初步的。真正的行动应该是围绕资源的管理建立起明确的决策机制。要通过制衡规则保护不可持续的收入，使其免于公共消费支出的日常压力。由于决策制定者和实施者都是人，因此他们有着人通常都会有的弱点。作为个人，我们都制定过很多小的规定或规则，比如最后期限啦，节食啦，以抑制我们的欲望。政府也一样，为了促使不可持续收入的消费水平低于可持续收入的消费水平，很有必要从机制体制上出台规章制度。

让不可持续变为可持续

但是，如果 20%的储蓄率太低，那么多少才够高呢？被开采的自然资产所带来的收入应该全部储蓄起来吗？国际货币基金组织(International Monetary Fund)最近给资源丰富国家的政府提出的建议是这样的。不过，原因与我在第一部分所说的伦理问题是不相同的。国际货币基金组织的经济学家与多数其他经济学家一样，是功利主义的，所以，我们得回到“最多的人获得最大的幸福”的伦理准则上，这个宗旨既考虑当下的人，又考虑将来的人，将所有人的福利加起来，实现效用的最大化。然后，国际货币基金组织使用了一个简单的理论模型，是由米尔顿·弗里德曼(Milton Friedman)发明的，称为“持久的收入”(Permanent Income)。持久的收入将临时的意外之财转换为无限的可持续水平上的消费。来自不可持续自然资产经费的持久收入很容易计算。事实上，你只需看看它们的资本价值，也就是世界银行在其世界地下资源概览中列出的评测数字，然后假定全部的资产价值投入到了国际资本市场。这笔投资财富的利息收入就是你的持久收入，你可以永久地花费。因此，开采自然资产所带来的本质上不可持续的收入来源，现在就从理论上进行了转换，成为本质上可持续的收入来源。

持久收入理论不仅告诉我们可持续消费的最高水平，而且还建议我们去这样做。这不是因为米尔顿·弗里德曼本人是倾心环保主义理论的人，把可持续性看作是伦理上所必需的，而是因为他对功利主义的坚持。为消费确定最大的可持续水平，需要假定在未来的日子里，人们的收入并不增加也不减少。时刻要记住功利主义的衡平原则，增加任何的钱财都会造成效用的减少，因此衡平可以实现效用的最大化。衡平原则同样适用于不同的时间段，"最大的幸福"来自每年都可以花费同样的资金。因此，遵循最大幸福的原则，持久收入理论告诉我们当代人可以从自然资源禀赋中花费多少，这样本质上不可持续的收入就变成本质上可持续的消费，在这样的水平上，持续的花费产生了最大可能的幸福，效用被最大化了。

从字面上来理解，资源收入的不可持续流动变成消费的可持续流动，这需要一个前提，那就是自然资产必须马上开采出来并将获得的收入投入到金融市场上。这只是个假设，一点也不现实，根本不能作为决策的参考。但是，即便自然资产没有立马挖掘出来，也会有一定的回报，前提是世界自然资产的价格是上升的。有什么理由不这样认为吗？

自然资产是升值的吗？

经济学的回答是肯定的，因为有个霍特林法则（Hotelling's Rule），该法则是以发现者的名字命名的。霍特林法则假定，随着时间的推移，不可再生资产的价格是上升的，上升的速度是所谓的"世界利率"（world interest rate）。因此，如果美国国债等无风险资产的利率是4%，那么自然资产的价格每年也应该上升4%左右。其中部分价格上涨纯粹是因为通胀，一般是两个百分点左右，所以自然资产价格的真正上涨水平可能是每年大约2%。霍特林为什么这样认为呢？他的想法很简单，是理性预期原则（rational expectations）的早期运用。根据理性预期原则，投资者能够充分运用所了解的信息，对于未来资产价值的判断不会出现方向性、系统性的错误。比如，他们对2050年石油价格的猜测可能太高，也可能太低。理性预期原则在全球经济危机中已经遭受失败，但是在放弃这一原则前，我们还是探讨一下，对于自然资产价格的走向，这一原则意味着什么。霍特林最重要的洞见是:自然资产就是一种资产,如果任由石油留在地下不开采,一直持续到 2050 年,那与将手里持有的美国国债保存到 2050 年没有什么区别。假设人们期待 2050 年石油的价格是每桶 80 美元,比现在高 10 美元。40 年的时间里只增长了 10 美元,这个收益回报太低,不如现在将石油以每桶 70 美元的价格卖了,然后投资美国国债并保有 40 年。因此,对任何拥有油井的人来说,明智的策略是现在将石油开采出来并卖掉,而不是把它留在地下。正是这个原因,今天的石油价格可能会跌破每桶 70 美元。人们预测,到 2050 年石油的储量会减少,石油价格可能会攀升,这个趋势会持续下去,直到目前的石油价格和 2050 年的期待价格之间的差距,等同于国债的收益回报。反过来也是如此,如果 2050 年石油预期价格太高,比如说每桶 300 美元,那么把石油留在地下要比持有美国国债更划算。

因此,假设当代人决定接受"持久的收入"和霍特林法则的理念,那就会出现下面的情形。如果把所有的自然资产都开采出来,就应该将获得的所有收入进行投资,当然也有权利消费来自投资的那部分收益,因为那是可持续的。如果只开采一部分地下自然资产,那么依然有权利消费同样的收益。但是,现在自然资产最初价值的某些回报,其增长是以自然资本升值的形式实现的。当代人有权利花费升值的那一部分,但是不能直接占有;这部分钱不进入国库。不过,政府可以间接地进行花费,方法是不把自然资产开采带来的所有收入都进行投资。

对于这些基本的经济学概念的含义,没有一个人是非常了解的。对预期资本的升值进行消费是有很大潜在风险的。我读研究生的时候,我的教授是这样解释那个风险的。有个店主对一年的买卖进行年终盘点,发现亏本了。但是,不用担心,他的货升值了,大大抵消了经营上的损失。疑虑打消了,他就消费了一些升值带来的收入。第二年,情况也是如此,所以他又消费了更多的收入。最后,他发现,供他消费的只有三样东西了:一个钉子,一个锤子和一根绳子。

资产升值理论没有给消费提供坚实的基础,它可能会置你于死无葬身之地的绝境。霍特林法则也是个不稳的基础，是将对未来的期望建立在逐渐增长的自然资产价格上。在最近的商品繁荣中，石油价格曾飙升到 147 美元一桶，于是便有一些疯狂的预测，说是世界的石油要用完了。20 世纪 80 年代第一次石油价格上涨的时候，也有着同样的预测。谢赫·亚马尼(Sheik Yamani)那个时候担任欧佩克(OPEC)的发言人，针对这些忧虑，他给出了精彩而机敏的回应："石器时代的结束不是因为世界上用完了石头。"我怀疑石油时代的结束是因为世界上用完了石油这一说法。恰恰相反，技术将会滚滚向前。的确，这种情况在历史上已反复出现多次。19 世纪高价值的自然资产，比如硝酸盐，现在已经没有那么高的价值了。世界商品的价格可以追溯到一个世纪以上。从这些数据看，几乎没有依据得出价格上涨的结论。事实上，除了石油，其他商品的价格甚至还降低了。

仅仅技术进步还不足以反驳霍特林法则。根据理性预期原则，人们是可以合理预测变化的。如果人们适当地期待那些变化，不同种类的资产依然会准确地遵循价格的同一路径。但是，霍特林法则并没有考虑自然资产开采的成本，事实上，自然资产与政府国债是不一样的。如果我认为美国国债不是明智的投资，我可以今天就全部卖掉。但是，如果我认为铜矿的升值幅度赶不上世界利率，我也不能一下子就把所有的铜都开采出来。我可以选择更快一点开采铜矿带里的铜，但是成本会大大增加，因为我得打更多的矿井，而每一个矿井在很短的时期就会贬值。因此，我可能会不得不接受较少的回报，选择让铜矿继续留在地下，从而避免那些开采支出。不过，那些另外的开采成本是一定要发生的，为了加快开采速度，我肯定要支付的。另一方面，坦白地讲，世界铜矿未来的价格，都是猜测。我们看看主要自然资产的价格，就清楚了。1998 年，石油是 10 美元一桶，到了 2008 年是 147 美元一桶，然后跌到 37 美元一桶。

鉴于这种价格上的极大不确定性，很少有资源开采公司遵守霍特林法则。不过，他们还是期望有个技术推动的、长期较为稳定的世界平均价格，并在此基础上进行矿藏开采。每过一段时间，他们可能都会修正调高价格预期，但与霍特林法则不是一回事。他们甚至没有研究世界价格可能的频率分布，因为他们几乎不相信未来的分布会与过去的分布是一样的。为什么会这样？我们从过去的经验知道，价格是高度变动不居的，但是那种变动性，比如说发生在第一次世界大战和第二次世界大战之间的变动性是由技术和经济推动的，不过那个时期的技术和经济现在已经被完全超越了。

这种巨大不确定性带来的一个结果是，资源丰富、收入低的国家不能完全指望留在地下的自然资产变得更有价值，不能期待那是个好的投资。真正好的投资是在地上投资，而不是地下，但是好的投资还依赖于对投资过程的科学管理。

一鸟在手

因此，有更充分的理由采取一个更加审慎的办法，这个办法不指望留在地下的自然资产升值。尽管如此，作为一个从本质上就审慎的机构，国际货币基金组织将这些顾虑从逻辑上思考到极致。国际货币基金组织对持久的收入的原则进行了修改，增加一条自己的内容，被称为“一鸟在手”法则，也就是说，自然资产未来的收入不应该有所期待，只有那些肯定会到来的收入才应该计算在内。价格不仅可能不会上升，反而可能会崩溃。开采已探明矿藏的成本可能会远远高于预期的成本，从而会相应地挤掉租金。最坏的情况是，那些所谓已知的矿藏可能最终证明根本就不存在。这种审慎的想法在行动上就形成了一个法则：所有开采带来的收入都应该储蓄下来。只有这些收入中的投资回报才能用于消费。由于储蓄下来的钱是逐渐积累的，所以资源开采最初几年的投资收入是很小的，所有能用于消费的钱几乎就没有。事实上，在第一年，消费是零。在第二年，由于第一年的收入以4%的利率投资了政府国债，因此可以消费第一年收入 4%的收益，以此类推。一个国家需要克制很多年，其消费的收入才能达到掠夺式消费的程度。

不出所料，很多发现新矿藏的国家的政府对于这个建议并不太热心。在听到发现一种新的蕴藏丰富的自然资产时，老百姓期待的是尽快借助它实现脱贫，政治家期待的是公共支出有大的增长。就在这样的狂喜和兴奋时刻，穿着深色西装的国际货币基金组织经济学家说话了，建议在今后的几年里，所有的收入都应该存起来。这些话不是人们愿意听的。2007 年，加纳发现了石油，石油发现之前，加纳的财政政策是谨慎的，财政赤字不到 GDP 的 2%。但是到了 2008 年 12 月，石油还没开采出来呢，财政赤字已经暴涨到 GDP 的 19%。如果石油开采出来，将会带来 GDP 4%到 5%的收入，所以加纳政府着急地花掉了可期待收入四倍左右的钱。

不过，更加稳健的政府切实地采纳了经济学家的建议，对自然资产带来的收入进行了精确的估算，与挪威政府对待石油收入的做法相差无几。在挪威，源自自然资产的收入被放入一个特别的公共基金里，被称为主权财富基金，宗旨是满足未来子孙的使用需求，主要拿来投资国家资本市场。尽管股票市场动荡不居，但是总的来说，这个系统运转良好。根据 2009 年的人类发展指数(Human Development Index)，挪威的生活质量在世界上是最好的。由此，挪威已经成为那些希望负责任地对待资源收入的低收入国家效仿的范例。的确，有人告诉我，挪威政府已经收到 50 多个政府的请求，那些政府希望挪威提供一些如何管理资源收入的建议。由于挪威的成功，国际货币基金组织的建议比正常情况下产生了更大的影响。

国际货币基金组织关于一鸟在手的建议体现出维护未来利益的美德。但是，那就是为低收入国家开出的合适药方吗？这个建议有点太高不可攀，主要原因有以下两个：

最明显的原因是过度谨慎。的确，拥有最底层十亿人口的国家应该避免采取极度危险的战略，比如消费预期中的资源升值。但是，他们的社会已经受到与贫困相关的多种风险的威胁。资源收入明天就停止的说法是最坏的图景，也是极不可能发生的。竭尽全力地避免这一图景就是宣判让人们去忍受苦难，而这些苦难是可以通过花费来改变的。一个更好的办法是：对存在的风险进行评估，然后提出一个合情合理的最坏的未来图景。这个未来图景是保守的，但也不认为明天就是世界末日。在这个预测中，未来自然资源的来源可以转化为相应的持久性收入。换而言之，可以立即以安全的、可持续的水平，进行消费支出，而不是要等到投资收入真正获得以后。

总的来说，对于未来收入来源的估计虽然是保守的，但也可以支持一些最初的借贷，以便进行早期的消费。除非是像去年那样出现金融危机，商业银行总会踊跃提供这类贷款。但是，依然有充分的理由加强警觉。商业贷款的利率高，如果未来收入来源出现意料不到的延宕，那么将来的政府可能会遇到麻烦，比如逾期还钱的罚款。不过，也许最有说服力的不借钱来进行早期消费的理由是，掠夺型的政府都是这么做的，如果借钱消费，岂不成了掠夺型政府。国民需要从政府的行动中作出判断，看看自己的政府是掠夺者还是保管者。对于公民来说，政府显示度高的行动并不多，其中一个就是借钱。保管型政府可以选择那些可视度高的战略信号，从而向公民显示自己良好的意愿，决定不借钱就是一个这样的信号。

尽管如此，早期消费还是可以有保证的。来自开采公司的签字定金就是提供一个没有风险的未来预期收入，因为这笔钱是不用还的。不过，这些钱可能是有很高代价的，因为其中隐含着不明确的利率，而这个利率可能很高。

对资本的需求

一鸟在手法则不仅是过度谨慎，还有更深层次的原因显示国际货币基金组织的建议太严苛。低收入国家缺乏资本。在这一简明陈述的背后，隐藏着十分可怕、凄惨的贫困景象：没有排水沟的贫民窟散发着恶臭，缺乏学校教育导致文盲，缺少市场途径造成庄稼腐烂，没有就业岗位致使生命在虚度中浪费。是的，低收入国家长期缺少资本。有个想法是，只要投资能够做得合情合理，能够做得大致可以，那么新投入资本的回报率应该比较高，事实上要比美国国债的微薄回报高很多。不过，那个附加说明，“只要投资能够做得合情合理，能够做得大致可以”,是很重要的,但是现在我们先把它放在一边。

那么,假设低收入国家的投资可以做得合情合理,回报应该有多大?诺贝尔经济学奖获得者迈克尔·斯宾塞(Michael Spence)在这方面给我提供了重要启发。根据他的观点,由于投资收益分散在经济的各个领域,所以总体上的投资回报可能是很大的。建设一条新路,可能促进种植一种新的庄稼并促进出口。那些出口获得的收入可能会扩大对自行车的需求,从而刺激新的商贩的进来,进而使得市场更具竞争力,而自行车价格下降可能会使更多的家庭把孩子送进学校。换言之,投资的回报会通过这么多谜一般的通道发挥作用,因此是不能简单地用成本效益分析来计算的。即便是不能计算出准确结果,其回报也可能比美国国债的回报高很多。

这对于消费会产生多大的影响?从伦理的角度看,可以立即消费多少资源开采带来的收入呢?托尼·维纳布尔斯利用经济功利主义给出了答案,这与国际货币基金组织运用的理论是一样的。他指出,如果资本稀缺时的投资回报高,那么一国经济应该有快速发展的阶段,从而会追赶上世界其他地区。有鉴于此,这个国家未来的公民就会比现在贫困的公民富裕得多。在这一点上,功利主义的平等计算公式就起作用了,未来的公民消费应该少计算一些,不是因为他们是未来人口,而是因为他们是富裕公民。为了进行收入再分配,消费需要提前到当代,通过这种方式可以实现全部效用的最大化,也就是让“最多的人获得最大的幸福”。这并不是允许现在就消费完所有的钱财,而是说,现在应该消费相应比例的收入,而不是储存起来。国际货币基金组织对我们的研究成果很感兴趣,就在其刊物上发表了。

在我的思考里,你可能注意到了一个矛盾的地方,甚至是明显的人格分裂:这就是既支持依赖功利主义框架所作出的分析,又同时批评那个框架。不过,人格分裂是暂时的,我现在已经不再接受功利主义关于我们对未来的责任义务的观点了,未来的公民比今天的公民富裕,这一点并不能成为我们占有他们资产的理由。同样,贫穷也不能作为掠夺合理性的证明。

如果我们所持的观念从经济功利主义伦理转向保管伦理，那么会发生什么呢？保管伦理并不要求低收入国家采用一鸟在手的法则。如果国内投资回报率高，我们可以更容易地履行我们对未来的义务。假设美国国债的回报率依然是大约 4%，而国内投资回报率是大约 8%，那么两个回报率之间的差就为我们提供了履行我们义务的空间。保管原则要求我们不能侵犯未来人口的权利，如果我们用完了一种自然资产，就必须交给未来人口同等价值的其他资产。但是，如果我们开采了价值 100 万美元的资产，然后将收入进行国内投资，每年可获得 8 万美元的收益，那么我们的资产就会按照比世界利率更高的利率实现增值，达到 200 万美元。我们经济中难得一见的良好投资机会暗示我们，如果把来自自然资产的收入转换为国内投资，我们就能获得资本收益。但是，我们并不需要将 200 万的可替代资产留传给未来人口，因为毕竟，我们只消耗了价值 100 万美元的自然资产。只要我们的国内投资能够实打实地获得 8%的收益，那么我们就能围绕资源耗尽问题对未来公民进行充分补偿，我们的办法是储蓄，进行一半的投资，也就是 50 万美元。由于一年可以带来 4 万美元的收益，因此投资的资本收益将会逐渐扩大，市场价值将达到 100 万美元。

当然，如果假定投资回报是世界利率的两倍，那是不明智的。如果真是这样，为什么私人投资者不投资呢？答案是私人投资者如果投资，会面临着政治风险，而公共投资则不会。高回报的投资可能要依赖政府的行动，只是政府还没有开始，但是那些行动属于政府的权力之内。当然，我使用的那些数据只不过是起说明的作用，而那些数据也的确提供了可行性的证明，低收入国家是可以立即消费一些自然资产带来的收入的。稳健的政府不必要一定模仿挪威的做法，将 100%的收入储存起来，然后将它们投资到世界金融市场，并因此获得 4%左右的回报。挪威实行这样的战略，是有道理的，也是可以理解的，因为它已经有大量的资本，并进行了投资。事实上，截至新千年，挪威人均人造资本比地球上任何一个国家都多。它有了不起的公共投资，比如交通设施和学校，也有充足的私人资本投资，比如采油设备和船舶。

公平合理的猜测是:就投资在挪威的更多资本来说,回报率是比较低的。因此,挪威一方面在世界各地进行投资,一方面开采自己的自然资产,这就可以理解了。挪威有着几近于100%的储蓄率也是可以理解的。事实上,就挪威而言,无论是你使用功利主义观念,还是坚持保管的伦理观,都没有什么两样。不论在哪种情况下,必要的储蓄率都会是100%左右。

那么,在什么情况下,资源丰富、收入低的国家的政府应该选择模仿挪威的投资战略呢?如果政府认为自己确实不能在本国经济中进行有效的投资,那么选择效仿挪威政府的做法就是合情合理的。比如,公共投资必须有公共官员来实施,如果公共服务是腐败的,那么这样的投资就会血本无归。如果政府悲观地认为在这个问题上不会有任何作为,那么资产保管的框架会敦促我们实行100%的储蓄率。

把资源收入放在哪里,这是很重要的。来自自然资产的收入有其鲜明的特色,它们与其他税收收入是不一样的,因为它们是不可持续的。如果现在的人开采了自然资产,保管原则就要求对未来的人给予适当的补偿。如果未来的人没有得到补偿,他们就是被掠夺了。挪威模式要求资源衍生的所有收入都节省下来,投入到世界金融市场上去。但是,对于低收入国家来说,遵循那个模式就意味着今天的紧迫需求没有得到满足,而是将资金堆砌到纽约的银行里。如果政府对国内投资持有绝望的悲观看法,那倒是有可能发生的。如果政府可以进行很好的国内投资,那么一个更加有吸引力的选择就会出现在眼前。未来子孙的利益可以得到完全的保护,而相当比例的收入也可以用于消费。那个消费比例到底是多少,取决于国内资产投资的回报率,看看能比把自然资产留在地下的回报比例高多少。但是,即便是乐观地估计自然资产留在地下的高回报,来自自然资产的收入的投资率也应该比其他收入的投资率高很多。在非洲,总体投资占收入的比例比其他任何地区都低,平均投资率低于20%。

繁荣时期

我曾谈到，资源丰富、收入低的国家的政府对于未来公民有着伦理上的责任，这就要求政府将其从自然资产出售中获得的相当一部分收入进行投资。如果逐渐地卖掉自然资源这个传家宝，那也是可以理解的，因为有比传家宝更好的投资机会。这是处理资源枯竭问题负责任的方式，资源枯竭是不可再生资源开采固有的本质。

不过，资源枯竭是个缓慢的过程，可能需要几十年的时间。有时候，还有更为激烈的观点，认为商品繁荣时期一点都不能消费来自自然资产的收入。

世界商品的价格是变动不居的，事实上，是极端地变幻莫测。分析家会使用以往的价格数据来预测下一年价格波动的幅度。通常来说预测的价格波动幅度应该有 95%的可能是正确的，但实际上并不如此。以 2008 年 1 月的预测来说，2009 年 1 月石油价格波动的幅度是 65 美元一桶到 210 美元一桶。对于这种数据预测，有两点非常引人注目。一是波动幅度，仅仅是未来 12 个月的时间，幅度竟然设置得那么宽，这种预测基本上是无用的。另一点是实际的价格，37 美元一桶，即便预测到那么宽的波动幅度，这个价格也大大超出了那个范围（最小的一端）。这种情况并不少见，价格总是在变动。不过，价格的上涨和跌落并不是对称的，价格变动图看起来不像波浪线，有凸起的弧线，然后是凹下的曲线。价格变动的图式更像是先陡峭急速地升高，然后长时段地下降（现在看，2005 年到 2008 年之间的商品繁荣就符合这一模式）。之所以呈现这样的图式，原因很简单。当价格下降时，可能发生的情况是要么大量储备产品，要么关闭生产线。从原则上看，向市场的供给流会降到零，这种反应会对价格的下降形成缓冲。但是，如果要平抑上涨的价格，一是向市场提供商品，二是尽快扩大产量，但是在提供多少产品和多久才能扩大产量方面是受客观现实限制的。当这两方面都达到最大化的时候，保持供需之间平衡唯一的办法就是提高价格，用更高的价格来平抑不断增长的市场需求，从而造成价格的飞涨。

商品价格上涨和下跌的图式对管理自然资源收入有着深远的意义。在商品价格上涨期间，比如2008年结束的那次价格上涨，不只是自然资产带来的高收入是更加不可持续的，而且多数收入都是这样，甚至持续不过几年的时间。到底能持续多少年，谁也说不清楚，因为商品价格根本不能预测。即便是在2008年夏末，很多人还期待高企的价格会持续下去，也许会持续几十年，因为亚洲风头强劲的经济增长引发了对自然资源的巨大需求。商品价格意料不到的崩溃是有好处的，这是提醒政府，资源收入是不牢靠的。

物价飞涨发生的时候，并没有清楚地贴上"暂时"的标签。对于物价上涨持续的时间，最好的预测是利用长期的、动态的平均价格作为指导参考。如果当下的价格高于这个指导价格，那么超出的收入就应该看作不会持续很长时间。如果这些超出的收入被用作增加消费，那么几年后，收入水平可能就会再次降下来。不过，就当时人们的情感来说，是很复杂的，扩大消费，人们就高兴；削减消费，人们就郁闷。心理学证据显示，消费减少造成的痛苦超过消费增加带来的快乐。经济学家相信，这都是生活习惯造成的，一旦人们习惯了某个消费水平，如果突然满足不了那些消费习惯，人们就会感到痛苦和沮丧。在富裕国家，经济社会持续繁荣带来的好处之一，是在最近几十年，很少有人体验这种痛苦和沮丧。但是，如果你打开任何一部19世纪的小说，你很可能会看到一位有钱人的衰败。很多这类小说中都充斥着对贫困的恐惧与不安。

如果经济低迷时的消费不能减少，那么经济繁荣时的消费也不能增加。一个明显的解决方案是将政府收入的变动性转嫁到资源开采公司。总的来说，通过税收体系的设计，是可做到这一点的。公司在物价高的时候获得巨额利润，从而抵消物价走低时的损失。但是，这是个危险的战略。资源开采企业一般根据商品的长期世界平均价格来确定自己的投资。当物价特别高的时候，以低税收的形式让企业尝点甜头，那是很受欢迎的，但是如果期盼公司在获得高物价的收益以后多上交些银子，以弥补物价低迷时政府收入的减少，这是不大可能的。而且，出于对时间不一致性问题的考虑，公司很有可能对政府在物价高企时的低税收承诺打个折扣，这也是非常合乎情理的。

但是，如果收入是高度变动不居的，消费也不能调整，那么就必须想别的办法。唯一的办法就是储蓄。在经济繁荣期间增加储蓄，以便在经济低迷时用来渡过难关。如果将储蓄资金进行国内投资，期待获得比世界资本市场上更高的回报，那么，这个国内投资也将是变动不居的。对于变动不居的投资也应该有所限制，这就是不能拉低投资的质量。所以，把高收入时期的很多资金放在世界资本市场上，对投资中的变化进行缓冲，也是非常明智的。因此，在经济繁荣时期，我们至少是部分地回归到挪威的模式上来，把一部分收入放到世界金融市场，而不是在国内花费。但是，两者的逻辑依据是不同的。我们获得的金融资产不是要永远地为未来子孙保存着，而是要等待时机，以便能有效地用来支持国内投资。这进而会对我们获得的金融资产产生影响。由于挪威模式展望的是长线投资，需要持有很长时间，因此，资产潜在的价格波动就不那么重要，重要的是长期的平均回报率。与此相对的是，如果我们几年后需要将这部分资金抽回国内，并进行国内投资，比如建设学校和医院，那么我们就更应该多加小心，要保护资产的短期价值。因此，当我们要把钱投资到国外时，应该更加谨慎。这样的谨慎是需要付出代价的。资产回报是安全的，也是可以变现的，比如美国的国债，但是回报率不是很高。这进而给我们以启示，我们需要在物价上涨时期将更高比例的收入储蓄起来。为了弥补我们开采的 100 万美元的自然资产的价值，我们不能只储蓄 50 万美元，并期望得到高额的回报，从而将这 50 万美元的储蓄放大到 100 万美元的人造资产。我们需要做的是将近乎 100 万美元的收入全都储存起来。

基本的情况就是：依赖资源的经济不可避免地会出现波动，在商品物价上涨和下跌之间摇摆。若将这种变动不居施加于消费，那会是很惨痛的。所以，必须用储蓄来抵消变动不居，经济繁荣基本就意味着只能是储蓄增加，而不是消费增加。由于经济运行缺乏资本，政府合乎情理的做法是把那些储蓄的资金用于发展本国的经济，而不是投资到国际金融市场上。但是，对于国内投资的变动性，应该作出限制，即不能给国家带来不稳定。所以，在经济繁荣时期，很多储蓄资金还需要暂时以安全、可变现的金融资产形式投放到国外。那些在国外的储蓄资金，其作用是消除投资过程中的障碍。国家所需要的可能不是主权财富基金，而更应该是关于短期资产的主权流动性基金，以缓冲国家收入所受到的震动。

那么，这种缓冲应该走多远？

根据对过去商品价格变动性的模拟，我们得出这样的结果：为了全面平抑价格的高涨和跌落、资金的花费和储蓄，国家需要一个规模很大的流动性基金。建立这样一个基金需要很多年的收入，考虑到国内投资的延滞，实施这样一个战略将付出巨大的成本，无法达到它最初的目的。在这种情况下，几乎所有的储蓄资金都会进入低效益的国外金融资本市场，而不是投资国内经济。虽然有些缓冲是必要的，但是希望进行国内投资的资源丰富的国家，需要学会如何在投资变动不居的条件下生存。

对未来的掠夺

本章的核心任务是要为低收入国家确定一个伦理上负责任的抉择，是将自然资产开采带来的收入用于消费还是用于储蓄？伦理上负责任的抉择尊重对未来人口的合理义务，要求当代人将相当比例的资源收入储蓄起来。“相当”比例是多大，这既取决于国内投资的回报有多大，也取决于相对于长期平均数的世界物价是多少。

从政治上看，前面提到过的留下更多的收入让未来的人消费，这是不容易的。2003 年，一帮经济改革者被任命为尼日利亚的高级政府官员。他们立即意识到，尽管尼日利亚有很多石油，但是石油收入正在被掠夺，不仅是以最赤裸裸的形式，而且以更加复杂的方式被掠夺，前者简直就是盗窃，而就后者来说，开采石油带来的收入几乎没有一点用于储蓄，储存下来的收入几乎可以忽略不计。而且，随着石油价格在他们眼皮底下不断上涨，这些改革者认识到，由于石油价格可能会高得离谱，所以需要用储蓄来缓冲未来的下跌。他们采用老百姓的说法，以未雨绸缪来作类比，向尼日利亚参议院进行解释。参议院的回应是："已经下雨了！"当然，议员们之所以反对高储蓄率，部分原因是他们想从自己负责的那部分花费中获得相应的好处，而从储蓄中则得不到任何利益。由此看出，涉及将自然资源收入储存下来的政治争斗是多么艰难。

总起来看，这一政治争斗取得了怎样的成功？回答这一问题，我们需要区分长远逻辑依据、资源耗竭同物价上涨逻辑依据之间的关系。直到最近，关于长期的自然资产开采殆尽后是否可以从其他资产的积累中得到补偿，一直没有综合的指导。国民收入账户旨在反映一个国家每年收入和花费的总和，从原则上讲，国民收入账户应该提供一个收支情况的答案。但是，尽管国民收入账户已经实行了60多年，它是给世界上的富裕国家设计的，而在富裕国家，自然资产只是其经济的一小部分，因此对于这类问题是忽略不计的。由此造成的结果是：当这个核算体系应用于收入低、资源丰富的国家时，他们的收入就被夸大了，想想这是为什么。尼日利亚将近一半的国民收入来自石油开采，这个数据来自传统的国民账户。但是，尼日利亚真正所做的只是出卖自然资产，并没有创造收入。比如，如果你卖掉你的房子，你并不把卖房的钱看作是当年收入的一部分。但是，尼日利亚的国民账户恰恰就是这么做的。对于国民账户的这种错误，还是有更正的办法的，这种办法被称为"绿色账户"(Green Accounting)。从本质上来讲，除非积累了其他替代资产，开采自然资产就是从显而易见的收入中减去。截至目前，对拥有最底层十亿人口的国家的绿色账户进行核算最令人信服的尝试是诺贝尔奖获得者肯尼斯·阿罗(Kenneth Arrow)领导的团队完成的。他们对1970年到2000年的财富进行了更加综合的考察，这个考察既包括自然资产，也包括所有的人造资产。他们的推测最近被剑桥大学著名的印度裔经济学家帕萨·达斯古普塔爵士进行了修正，我的研究依据的就是他们的成果。

根据这项研究，如果对非洲的国民账户进行重新核算，那会发生什么结果呢？结果显示，在过去 30 年里，人均综合财富每年下降了 2.8个百分点。30 年过去了，综合财富减少了一半还多，传家宝被快速地卖掉，用于消费。普通公民从自己的体验中还没有认识到这种掠夺，他们的生活几乎难以为继。但是，即便是这样的生活水平，也是通过疯狂地吃自然资产的福利才达到的。所以，证据指向了这个阶段大规模的资产掠夺，现代人正在耗尽未来的自然资产，但又没有提供资产的补偿。

最近的商品繁荣提出了一个不同的挑战，这就是商品繁荣暂时带来的滚滚财源，是大部分都储蓄起来呢，还是花掉呢？尼日利亚的情况更混杂。至少根据 2003 年到 2007 年之间的数据，尼日利亚的改革团队就看出了物价上涨的端倪，所以就极大地提高了储蓄率。物价上涨结束的时候，尼日利亚已经积累了 700 亿美元的国外资产，这是相当惊人的，比英国的外汇储备还要多。这些改革者都经历了 1973 年到 1986 年的经济繁荣以及肆意挥霍，因而作出了正确的选择。普通的尼日利亚人都需要对那些改革者表示深深的感谢。

其他国家能从过去的失误中汲取教训吗？在非洲的其他石油出口国中，有两个北非国家，分别是阿尔及利亚（Algeria）和利比亚（Libya），这两个国家在经济繁荣时期极大地增加了储蓄。但是，其他主要的非洲石油国家，比如乍得（Chad）、喀麦隆、安哥拉（Angola）、加蓬（Gabon）以及苏丹（Sudan），并没有显示出消费审慎的迹象，至少从我看到的数据来看是如此。如果从整体上看，非洲在物价上涨前夕的 2003 年，储蓄率是有限的，大致是国民收入的 1/5。在随后经济繁荣的 2004 年到 2008 年，储蓄的确是增长了，但只增长了 4 个百分点左右。这些储蓄是怎么用的呢？由于这些国家长期缺乏资本，如果进行国内投资，那会有很多的机会，而且投资回报要高于把储蓄资金放在世界资本市场。在这样的情形下，把储蓄的钱放在国外无异于令人绝望，那就是承认在国内的投资是极大地不靠谱。然而，即便是那么少的储蓄增长，也大多被拿来投到国外去了，这确实令人感到悲哀。经济繁荣期间，国内投资的增长平均还不到2%。比较起来，亚洲在商品繁荣的这些年里，国内投资率平均达到37%。与非洲不同，亚洲的资源不丰富，所以也不需要靠储蓄来冲抵自然资产开采带来的巨大收入。尽管如此，亚洲的储蓄率也比非洲高很多。中国的储蓄已经积累了2万亿美元的美国国债。而在经济繁荣期间，非洲的投资率只有23%。

一揽子做法的中国交易

对未来人口履行合情合理的伦理义务，从政治上看是那样的困难，其中一个原因是：一届稳健政府所做的艰苦工作，可能会被未来一届鲁莽政府化为乌有。石油价格高涨期间，尼日利亚的改革者审慎地积累起700亿美元的外汇金融资产，但是这笔储蓄下来的钱是转换为国内投资呢，还是用于消费？如果用于消费，改革者所获得的只不过是将他们摈弃的消费政治转移到未来的继任者。

理想状态下，审慎的政府所需要的是将储蓄决策固化下来的手段，从而不会出现反复。尼日利亚的改革者意识到这一点，便选择采取了立法的措施，建议制定《财政责任法案》(Fiscal Responsibility Bill)，授权财政部长决定实施稳健的储蓄率。尼日利亚是个联邦国家，一半的石油收入归36个州所有，而不是进入联邦政府的国库。因此，除了联邦法案外，每个州也需要有相应的法案。联邦法案是在经济繁荣期间颁布实施的，但是，直到经济繁荣结束，也只有7个州颁布实施了类似的法案。那么，稳健、审慎的财政部长还有没有别的办法让社会加强储蓄而不出现反复呢？

无心插柳柳成荫，中国就提供了这样一个办法。过去十年来，中国一直忙着和非洲做生意，通过援建基础设施建设来购买非洲的资源开采权。前面说过，国际机构对这种做法颇有微词。因为这样的做法没有使出售资源开采权的收入进入到国库中，非洲国家的政府当然也没有将那些收入用来建设同样的基础设施。恰恰相反，从财政的角度，这些收入完全绕了过去。由此造成的结果是，双方的交易完全是不透明的，得不到应有的监督。

当然，缺乏监督也是这种交易的一个亮点，极具诱惑力，腐败官员更青睐在神秘面纱的掩饰下出卖国家的自然资产。但是，我与政客们交流以后，开始明白中国式交易为什么对于改革者有那样的吸引力。任何一位审慎的财政部长都会看到，仅仅 23%的投资率确实太少了。不过，他也有充分的理由担忧，在将大量的资金用于基础设施建设的问题上，他可能是孤家寡人。在国务院办公会议上，国防部长可能要求提高部队官兵的薪水，可能提到军队中存在的不满情绪，然后意味深长地望着总统。教育部长会不失时机地插言，说教师工会完全清楚财政预算里有了新的收入，正在筹划着罢工呢。长话短说，财政部长担心大部分自然资产收入，大约 77%，会在不断的预算增加中逐渐消耗掉。与这样的后果相比，中国式交易显得更具吸引力，因为交易的回报是基础设施建设，所以在内阁会议上，再不会就新增加的收入争来争去。自然资源收入的投资率就会达到 100%。通过这样的交易，财政部长就与投资决策绑在了一条绳子上了。如果这桩交易像国际组织所怀疑的那样，是有问题的，是不公平的，那么财政部长就会进退维谷，处于两难境地，要么是当代人掠夺了未来人的资产，要么是中国掠夺了该国的资产。

假设财政部长希望维持绕过预算而确保投资的约束机制，同时也希望确保与中国的交易是公平的，事实上，有一个简易的办法。中国式交易中所缺失的一环是竞争，在以基础设施建设投标自然资源开采权方面，中国是唯一的投标方，其他潜在的资源开采方只是还没有意识到中国开启了一种更具前景的新模式。政府可以不采取与中国达成秘密协议的方式，而是可以就资源开采权进行公开招标，标的是基础设施建设，而不是资金。中国政府将资源开采公司、基础设施建设公司以及部分援助整合起来，提供一揽子协议，其中的援助也是协议的一部分。其他投标方也可以这样做，因此就可以举行一次招标拍卖活动。就像正常的拍卖会一样，这个招标拍卖活动要明确规定所拍卖的是自然资产开采权，但是标的是希望建造的基础设施，看看所要建设的基础设施有哪些，而不是期待投标方愿意支付多少钱。如果中国最终赢得了这样的拍卖，那是因为其投标的价值最高。国际社会不应该谴责中国掠夺非洲，而是应该想一想，如果效仿中国的做法，可能会有更好的效果。

未完成的义务

“掠夺”是个带有感情色彩的贬义词，看到这个词，会让人幻化出强盗和暴力的形象。但是，从本质上说，掠夺是个经济学概念，是财产权的取消，不过可以采取比偷盗更温和的说法。截至目前，在低收入国家，自然资产一直被当代人掠夺，对于未来人合情合理的权利没有给予足够的重视。这样的掠夺所采取的方式既有缓慢的开采，也有迅疾的采挖。所谓被剥夺权利的未来人，并不只是假想出来的，今天生活的很多非洲人年龄太小，还不能投票。在上一章里，我提到，部分自然资产的价值是被外国公司和小部分国内精英以最赤裸裸的形式掠夺的。在这一章，我介绍了自然资产是怎样以更加巧妙的方式被掠夺的，从而使得自然资产问题更加复杂。在当今时代，滥用权力的人只是少数成年人。最近，我与喀麦隆的一位部长讨论这个问题。当我提出需要将不可持续收入分离出来的时候，他问我，如果所有的收入都是石油开采带来的，因此也都是不可持续的，那么该怎么办呢？当然，他明白我要说的意思，收入储蓄应该提高。他也明白，在喀麦隆，这样做已经晚了。以前的政府决策已经将公共消费有效地固化在社会中了。但对于其他国家来说，尚为时不晚。2009 年 9 月，就在离喀麦隆不远的海岸，塞拉利昂发现了石油。今后几年里所做的决策，将决定当代人是把石油收入储蓄下来，还是消费出去。

将收入储蓄下来的决策是重要的，但是仅仅储蓄下来还不够。自暴自弃的态度必须摈弃，资源丰富的拥有最底层十亿人口的国家必须在自己的国家进行成功的投资。

第7章

投资中的投资

开发利用自然资产，实现可持续发展，依赖于一系列的决策，其结果如何，完全取决于决策链条中最弱的一环。我们现在已经来到了这个决策链条中的最后环节，遗憾的是，这也是最薄弱的一环。

假设政府的前三个决策都做对了，这三个决策是：一是授权进行地质调查，发现了关于矿产开采的丰富信息，然后通过拍卖以较高的价格出售了采矿权；二是设计制定了税收体系，获得了这些自然资产的大部分经济价值，也就是说，获得了大部分的自然资源租金；三是将这些收入的主要部分储存起来，当然不是100%，因为还需要有一些消费，以便履行对未来的义务和责任，同时还认识到，国内投资回报率远远高于世界利率，通过获得资本收益来减免对未来责任的负担。这些决策以后，也就到了最后的环节，即实施国内投资。

不断按比例扩大国内投资无疑是发展的真正要义，主要是建造大楼，兴建厂房，硬化道路，开发电力，这些都是新兴市场经济与拥有最底层十亿人口的国家的明显不同。为什么这最后一步是最难的呢？

我们前面介绍过，国际货币基金组织建议低收入国家的政府不要把自然资源收入的储蓄直接进行国内投资，而是去购买国外金融资产。那是挪威模式，是贫困国家更为审慎的财政部长所青睐的做法。

国际货币基金组织的建议是基于对存在问题的现实考量，如果更多的资金花费在国内投资上，很有可能产生不了应有的回报。事实上，反而有可能因为拥堵了脆弱的公共投资体系或造成质量的崩塌而破坏经济的发展。对于这些问题，国际货币基金组织使用了“吸收”这一综合概念，称那些国家的经济不能吸收额外的投资。其实，国际货币基金组织对于外来援助资金也有同样的顾虑，只不过来自自然资产的收入存在的问题更多，更严重。这些收入主要是伴随物价上涨和商品繁荣而到来的，与外来援助不同的是，这些收入的投资没有大批的援助人员帮助实施项目。

下面我们举一个例子，来说明为什么国际货币基金组织对于国内投资持有怀疑的观点。2009 年 4 月，尼日利亚政府宣布将投资 50 亿美元，用于发电，这笔钱是在最近才停止的石油涨价期间积累的。这个信息引起了广泛关注，因为电力供应的改善是迫切需要的，电力短缺一直是尼日利亚经济最大的制约因素。但是，在期待和庆祝可能带来的变化之前，让我们先用一点时间反思一下，尼日利亚为什么长期缺电。原因是投资发电的钱都被蚕食殆尽了。事实上，在 2009 年 4 月 28 日《华尔街日报》(*The Wall Street Journal*)刊载的一篇文章中，政府估计，此前投入在电力领域的资金，大约有 160 亿美元被侵吞或挪用了。对于尼日利亚来说，关键的问题是，这 50 亿美元是否能更好地使用。

对于政府投入到发电领域被侵吞或挪用的那 160 亿美元，很多政府官员和政客都拿了老鼻子的钱。从 1998 年开始，尼日利亚就已经是民主国家了，考虑到这一点，为什么监督还那么不力呢？

机缘巧合，一位名叫努胡 · 利巴杜(Nuhu Ribadu)的尼日利亚人造访我在牛津的研究中心。努胡 · 利巴杜是一名警察，在牛津期间正在撰写他对工作的思考。我希望他不仅向世界说出所发生的真相，而且要以给我讲述的方式来诉说。也就是说，可以用委婉的语气和词汇来讲述惊人的内幕，但是不能有所掩盖。努胡的部门在尼日利亚相当重要，是在 911 的背景下成立的。美国政府出于自身安全的考虑，切断了恐怖分子的国际资金来源。为此,美国与一些发达国家合作,建立了金融行动小组,以应对这个问题。行动小组提出了一个国家名单,他们认为名单上的这些国家在金融系统方面没有充分的监督检查,不能保证不为恐怖分子输送金钱。尼日利亚就在这个名单上。

值得称赞的是,尼日利亚总统奥卢塞贡·奥巴桑乔(Olusegun Obasanjo)认识到这份名单是对尼日利亚名声的潜在威胁,而维护国家声望是他任期内最重要的任务之一。他是透明国际组织(Transparency International)的创建领袖,希望应对渗入到他的国家肌体之中的腐败问题。2002年,他通过立法手段成立了一个新的调查机关,即经济和金融犯罪委员会(Economic and Financial Crimes Commission),任命努胡为主任,负责领导这个部门。他告诉努胡,只要能从那个名单上去掉尼日利亚,做什么都可以。努胡做到了。

与其他人一样,我一直强烈地支持采取国际标准和法则。这个例子既显示了国际标准和法则的潜在威力,也显示了我们过去是多么地疏于利用它们。金融行动小组的任务并不是帮助尼日利亚打击腐败行为,而是为了我们自己的利益,减少恐怖主义攻击的风险。但是,它在改善尼日利亚政治环境方面所起的作用,比尼日利亚独立以来国际社会的所有其他努力都要大。

努胡领导的团队有警员40人,40名警官面临的是潮海一般的腐败。他的战略是从上层抓起。如果要反腐败,紧盯着下级官员是没用的,因为那些官员的腐败是不得已的,是一种生存战略。因此,反腐败必须追究高级官员,如果能起诉他们,那么将在尼日利亚的官场掀起滔天巨浪。在政治风险面前,努胡没有畏缩不前。他查办了很多高级官员,并逮捕了尼日利亚参议院的议长。他还成功地起诉了他的老板——警察总监(Inspector General of Police)。

努胡注意到,其实所有的人都注意到了,在腐败盛行的那些年里,不管是因为工作不力,还是由于机制问题,一件成功的查办都没有。他发现,他的老板一共贪腐了1.5亿美元。与其他官员在负责实施公共支出项目中利用职权贪腐的160亿美元和其他钱财相比,他老板的贪腐毫不逊色。其实,逃避监督检查的成本很大,可以推测,一个攫取了 1.5 亿美元的人,为了摆平或安抚那些纪检监察人员,他会拿出更多的钱堵住别人的嘴。这种巨额贿赂就使得资产掠夺不是以百万计,而是以十亿计。努胡到牛津来,是因为奥巴桑乔总统的最后一个任期结束了,而努胡查办的大鱼太多了。事实上,努胡到英国来的时候,他本人正面临着起诉。我在庇护着一个被缉拿的罪犯,他的罪名是没有穿警服。

腐败是制约公共投资项目有效实施的重要因素,这种现象并不是尼日利亚所独有的。与其他形式的投资相比,这类投资项目更容易发生腐败,原因很简单。资产是投资所购买的东西,主要是以两种形式呈现,一是设备,二是设施(比如卡车和道路)。公共投资采取的主要形式是投资基础设施建设,而私人投资则主要是设备。拥有最底层十亿人口的国家自己不生产设备,由于从国际市场上购买,所以很容易看出这些国家所支付的价格是否是过高。但是另一方面,基础设施只有通过建筑行业在自己国内建造。从全球来看,就容易出现的行业腐败而言,建筑业仅次于资源开采行业。每个建筑项目都会有微妙的不同,需要建在特定的地点,需要依赖建筑技能,需要投入水泥等建筑材料,而水泥等建筑材料还有可能出现供应短缺。基础设施建设期间,还经常出现设计细节更改,而这些改变都需要协商。所有这些建筑业独有的特点使得评估某个特定建筑项目的价格非常困难,很难说建筑价格因为腐败的因素而虚高了。即使通过竞争性的投标,也容易出现问题。比如,一家腐败公司可能会与负责项目合同的官员达成协议,先是以最低的价格赢得投标,然后,随着工程的进展,那个官员会更改项目要求和指标,而这是不需要经过竞争性招投标的。所以,整个工程的价格最后会变得极高。因此,大型公共投资项目投资容易发生腐败,全球都是如此。

不过,吸收大规模投资所遇到的问题也不完全是普遍性的。比如,亚洲投资所占收入的比例远远大于非洲。假定自然丰富的、拥有最底层十亿人口的国家将投资率从 20%提高到 30%左右,这个比例依然低于发展中的亚洲，但已经是一个重大的变化了。除了腐败，还有哪儿出了问题？

有投资机会吗？

非洲投资那么少，其原因仅仅是不能提供高的回报吗？毕竟投资者是用他们的钱袋子投票的。让-路易斯·沃恩赫兹（Jean-Louis Warnholz）是我的一个学生，下决心对此进行调查，看看究竟是不是这回事。他根据私有投资的回报率确定了三个数据来源。第一个是直接对美国投资的回报，分地区进行统计。第二个是全世界在股票市场投资股票的回报。第三个是从 30 多个国家的 18 000 个建筑公司中收集调查数据。光是收集这些信息，就是一项艰难的工作，更难的是还要尽可能地具有可比性。但是，让-路易斯有了重大发现，所付出的一切都是值得的。就这三个来源来说，私人投资在非洲的回报率要比其他任何一个地区都高。《哈佛商业评论》（*Harvard Business Review*）认为，这个发现的确让人惊讶，把它列入 2009 年"年度 20 项重大理论突破"。一个月后，《新闻周刊》（*Newsweek*）将其列为"2009 年世界十大理论突破"之一。也许，你读到这则消息的时候，它会被宣布为"十年重大理论突破"。但是，这儿的关键点是，资本回报率低不是非洲投资问题的根源所在。

不过，平均回报率高是一回事，能够获得高的边际效用，也就是在追加的投资上获得高回报是另一回事。但是，边际效用以及边际以远的效用对于促进投资的大幅度增加至关重要。如果投资显著增加，而在实际中没带来什么变化，那么可以推定，新增加投资的回报率要比已有投资的回报率低，很有可能低得多。除非"项目选择"（project selection），也就是投资机会的选择，是真的很糟糕，那些已经选择的项目的回报率会比投资目录中排在后面的项目的回报率高。一开始的一些投资的确有着极高的回报，但是那会给人以误导，认为以后会有很多同样的投资机会。不仅是另外的项目来自投资目录中靠后的位置，而且实施这些项目的能力也会越来越弱。所以项目投资可能变得通道堵塞，效率低下。

新增投资管理中的“吸收”问题真实存在。尽管如此，国际货币基金组织以前得出结论说，解决的办法是将储蓄资金放到国外，而不是进行国内投资，这实际上是犯了失败主义的错误，会付出高昂的代价。几乎没有一个低收入的国家能够真的像科威特那样，渴求成为食利国家，国民依靠投资在纽约的金融资产所产生的收入而生活。那些国家所谓资源丰富，大多数只是与他们的人造资产相比，有着较为丰富的自然资产而已。有几个小国家，比如赤道几内亚，有可能会变得像科威特那样，但是所有大一点的国家，即使要达到中等收入水平，最终也都需要发展自己国家的经济。面对将更大比例的收入投资到自己国家经济并实现有效发展的挑战，这些国家再也不能回避，再也不能裹足不前。归根结底，这是所有收入低、资源丰富的国家所面临的核心任务。这项任务之前的一切，都只不过是个序幕。

这项任务可以分为三个截然不同的组成部分，每个部分都是渐次发生，从而可以在获得投资回报方面经历跨越式发展，而不是造成投资回报的崩溃。首先，也是最重要的，政府需要改善自己对公共投资的管理。但是，这还不够。公共投资的部分回报还依赖于其引进的有着互补作用的私人投资，而私人投资的决策是政府所不能控制的。不过，虽然政府不能控制私人投资，但是可以改善政策环境，增加对私人投资的吸引力。

假定公共投资和私人投资都有大幅度的增长，这样就够了吗？也许还不够，因为在拥有最底层十亿人口的国家，公共投资和私人投资都面临着共同的障碍，这就是资本商品的价格已经很高了，如果再增加新的投资，其价格会飞涨。如果出现这种情况，尽管投资数量有大幅增加，最终购买的资本商品却只有很小的增长，而这决定着投资回报的多少。总起来说，这三个明显的挑战，也就是改进公共投资、吸引私人投资和控制资本商品价格，涵盖了解决“吸收”问题的整个议程。我对这些挑战进行了集中思考，统称为“投资中的投资”战略。我这样说，意思是国家需要投入金钱和更多的努力，尽一切可能将扩大投资与有效投资有机地统一起来。

改善公共投资

好的公共投资是首先要做的。政府获得了自然资源的收入并保有它们，因此对于如何更好地使用这些收入，政府承担着主要的责任。在项目优先投资目录上，排在后面的项目往往投资效益低，因此按照通常的商业模式，可能出现的结果是投资越多，效果越不好。

如果政府公开决定在投资方面实现一个大跃进，结果可能会更坏。那些觊觎公共支出的政治特殊利益游说集团非常敏感，如果知道政府将投入更多的资金，就会通过合法及非法手段，竭力突出自己的诉求。在这样的游说竞赛中，被侵蚀的资源称为“寻租”(rent-seeking)。如果寻租受到否决点等制衡要素的阻扰，游说集团就会破除那些制衡要素。努胡离开自己国家来到牛津，就是受到游说集团强有力的影响，所以他这个重要的制衡要素就被解除了。迈克尔·罗斯(Michael Ross)是加州大学洛杉矶分校(UCLA)的政治学家，他敏锐地注意到这种更高层次的破坏现象，并命名为“抢租”(rent-seizing)。让罗斯有那种深刻见解的体验不是非洲的石油，而是泰国的木材，因为他在泰国记录了阻碍国家森林掠夺的制衡因素被系统破解的过程。

不过，大幅增加公共投资的决策也会提供一个与过去决裂的机会。从政治上来说，在财政扩展时期引入新的实践，要比财政吃紧时期容易些。在公共领域，投资中的投资意味着需要一个两三年的时间里不断推进实施的清晰战略，这就是招募职员，引进决策程序，制定和实施更加富有成效的项目。

公共投资项目中的腐败是可以治理的。最为基本的一个步骤是，所有的项目都实行竞争性的招标和投标。尽管可以相对容易地通过改变项目合同内容来降低招标和投标的竞争性，但是项目中的腐败能够得到有效遏制。比如，对于不经过高层研究同意的合同更改所增加的投资额度，可以给予一个限制。在研究审批过程中，可以增加使用否决点这两个环节；在个人决策层次上，模拟实现我在第 3 章讨论过的宏观经济效果，也就是在自然丰富的国家，否决点可以改善总体经济表现。正如努胡的故事所揭示的，否决点只有在监禁这个强权威胁的支持下，才最终是强有力的。

国际行动可以强化这些国内措施，毕竟，很多建筑公司是国际性企业，总部设在 OECD 国家。国际行动可以通过国际组织“矿产开采业透明行动”促进应对资源开采中的腐败问题。英国政府现在通过建筑业透明行动在建筑领域采取了同样的措施。有一位企业家，他经营着一家建筑行业的软件公司，因为读过我的《最底层的十亿人》那本书，便与我联系，希望我给他提一下建议。我介绍他与非洲一个国家的政府联系，因为这个国家的政府认识到，国家建筑合同在使用软件上的标准化，使得腐败更容易滋生。纵然世上没有不漏风的墙，行贿的公司和受贿的公务员总能找到打法律擦边球的办法，不过至少不标准化的软件意味着更多的门槛需要被攻破，而标准化的软件就只是孤零零的一道防火墙而已。

实施大型公共投资项目的挑战远不止于腐败。首先，项目必须设计好，包括哪些内容，不包括哪些内容，都要确定好。不管是从技术上，还是从政治上，这都是很难的。从技术上说，政府怎样才能计算出不同投资项目可能的回报？怎样才能选择出最好的项目？传统的办法是依据成本—效益分析原则来评估投资项目。不过，在指导低收入国家的公共投资方面，这种分析技术是无用的。（最近，世界银行公共政策主任向我坦陈：“我们知道，那个办法不管用。”）因为，对于大型项目来说，这种分析遗漏了很多利益，这些利益散布于经济的各个领域，根本无法进行计量。英国政府使用成本—效益分析原则来指导很多公共投资，但是后来认识到，用这种方法来分析城际高速或公路干道等大型、重要的投资项目时，存在着很大偏差，导致对项目决策产生误导。公路干道评估常务顾问委员会（Standing Advisory Committee on Trunk Road Assessment）将所有主干道的推算利益提高了 30%，目的就是纠正这个分析中的偏差。但是，30%的比例完全是随意提出的，可能还不合适。根据成本—效益分析，尽管往效益方面增加了 30%的核算，英国依然生活在城市堵塞之中，缺乏法国那样的快速火车和高速公路系统。法国一直青睐于实施大型项目，想当然地认为快速火车和高速公路系统都是应该拥有的。

对于大多数拥有最底层十亿人口的国家来说，成本—效益分析也是不实用的，因为这种方法需要一批经济学家。除了几个大型项目，拥有最底层十亿人口的国家的政府是没有人力来从事这类分析的，而那些大型项目是最不适合用这种方法进行分析的。即便有足够的技术人才来开展成本—效益分析，他们的分析结果也只有在他们能够独立行事时才值得信赖。拥有最底层十亿人口的国家的政府部委对于违逆部长意愿的技术人员是不提供任何保护的。不过，成本—效益分析的目的，有一半是对抗政治上推动的优先投资项目。

如果投资既不是由政客们奇思怪想决定的，也不是由成本—效益分析貌似合理的精确结论决定的，那么应该由什么来指导投资的方向？对于拥有最底层十亿人口的国家来说，更为现实的办法可能不是效仿挪威，而是以一些中等收入国家的经验作为自己学习的范例。这些中等收入国家有很多，都可以进行借鉴，比如马来西亚和博茨瓦纳，在过去 30 年里都成功地摆脱了贫困，实现了社会的转型，为普通大众提供了小康生活以及充满希望的未来。从这些国家里，一定可以找到一个样板，30 年前，这个国家与今天任何一个低收入国家相比，都极其相似。既然这个被作为范例的中等收入国家成功实现了经济转型，那么其关于公共投资的决策就不会太离谱，不会太糟糕，即便是有一些重大的失误，也可以作为教训给人以警醒。换句话说，那个中等收入国家所采取的投资模式和投资程序可以作为一个模板。如果审慎一些，拥有最底层十亿人口的国家最好不要只学一个国家，而是看看几个中等收入国家所共有的特点。在迈克尔·斯宾塞的领导下，增长委员会(Growth Commission)2008 年发表了一个报告，所持的观点恰恰就是这种实用的、向成功者学习的方法。斯宾塞问，13 个以前曾是低收入的国家几十年来每 10 年就实现经济总量的翻番，它们之间有什么共同的东西？有一个特征在斯宾塞看来是至关重要的，那就是保持公共资金的高投资率。

与增长委员会提出的建议相比，选择正确的公共投资项目是个更加困难的问题。经济社会发展所需要的很多公共设施会使用数十年，但是随着社会的变革转型，对公共设施的需求会发生急速的、重大的变化。现在的基础设施需求可能是农村的，但是如果社会迅速地实现城市化，就需要适合城市的交通系统。如果这些建设项目延误太长时间，可能就会变得造价太高而不能再实施。伦敦地铁是维多利亚时代的产物，就当时而言，极具远见卓识。就在我不耐烦地等车的时候，来自新西兰(New Zealand)的一对夫妇让我对自己不加掩饰的不耐烦感到羞愧。其中一位说："如果奥克兰(Auckland)有地铁就好了。我们要是早点来伦敦该多好。"

请允许我将话题再转回尼日利亚，那是非洲至今人口最多的国家，其石油为社会的转型提供了机遇。一旦经济发生转型，这个国家的人民将在哪儿生活？这个问题听起来可能很遥远，但事实上，相比于那些今后 12 个月内石油价格是多少之类的更为迫近的很多问题，我们可以给出更好的回答。随着尼日利亚的发展，其人口将向沿海城市转移。这一趋势，我们在中国已经看到，而且是更大规模的转移，数以千万计的人口从内陆向沿海城市移动。拉各斯(Lagos)已经是撒哈拉沙漠以南非洲最大的城市，再过 20 年，将成为全球特大城市，人口超过 2000 万人。这个城市的经济总量已经占据尼日利亚全部非石油经济的半壁江山，随着将来石油作用的减弱并被新经济替代，尼日利亚的大部分经济都会集中在拉各斯及其周边地区。拉各斯有两大优势，其中一个优势是拥有港口，港口是全球制造业的关键地盘。在制造业的推动下，拉各斯不仅是个港口，而且将会成为一个大港口。

城市规模越大，城市人口的生产力越强。根据拇指规则，一个城市的人口数量每翻一番，其工人的生产力将提高大约 6 个百分点。这个提高幅度看起来不是那么大，但是如果人们从小村庄迁移到特大城市，其累聚效应将是不可限量的。在 1000 万人口规模的城市工作的人，在生产力水平方面比在 10 万人口规模的城市工作的人，平均要高

40%，而且多数非洲人现在生活的地方还远远小于10万人口的规模。中国的经验非同寻常，但可能与非洲不具有相关性。中国土地面积辽阔，在发展特大城市的同时，也造成了广大的内陆偏远地区。不过，印度也有这种发展模式。非洲需要更多特大型城市。我和托尼·维纳布尔斯将非洲的城市化与印度的城市化进行了对比，发现非洲之所以生产力水平低，是因为缺乏像孟买(Mumbai)那样的大城市。拉各斯最有可能成为非洲具有高水平生产力的特大型城市。

如果尼日利亚的经济未来在拉各斯，如果那个经济未来可以在一代人的手里实现，当然前提是尼日利亚政府能够掌控其石油资源收入，那么不难确定石油收入所支持的公共投资应该投向哪些项目。不过，吊诡的是，恰恰是这个拉各斯，正好是这个拉各斯，在尼日利亚没有得到任何石油收入，是石油收入投资到不了的地方。

为了弄明白这个矛盾的现象，我们还得再转回去，回顾一下尼日利亚石油政治的历史。40年前，尼日利亚因为石油而爆发内战，石油资源丰富的尼日尔三角洲地区(Niger Delta)希望退出尼日利亚，而其他地区不希望它离开。政治解决方案是建立联邦体制，共分36个州，石油收入的一半在所有的州分配。这样一来，没有哪一个州实力足够大，从而退出联邦，而且不论发生什么情况，地方政客都可以根据法律确保得到属于自己州份额的石油收入。拉各斯可能是尼日利亚经济的未来，但是它现在的繁荣，遭到了其他州的切齿痛恨。拉各斯经济繁荣，具有了税收的基础，所以其他州就联合起来，沆瀣一气，投票将拉各斯从法律上排除在石油收入分赃之外。这有点道理，至少是从功利主义计算的角度看是这样，因为拉各斯已经比其他地区富裕很多。但是，作为一个发展战略，将拉各斯排除在外很明显是对基本经济逻辑的否定。未来的发展机会因为现在的利益而被牺牲掉了。只有投在正确的地方，资本投资才能产生高回报。尼日利亚当今的成年人对于其子孙后代负有监管自然资产价值的责任，这一点就说明，应该将投资大比例地投入到拉各斯，而不是大比例地投入到其他地方。一旦社会达到了中等收入水平，拉各斯就变成了很多子孙后代生活的地方。

截至目前,我讨论了如何对公共投资进行规划,但是最好的规划需要实施以后才能发挥作用。腐败并不是使项目实施偏离轨道的唯一因素,投资需要一系列的协作与合作。1975 年第一次石油繁荣后不久,尼日利亚政府决定大力投资基础设施建设。这是个非常明智的决策。30 年以后,托尼·布莱尔(Tony Blair)执政时期成立的非洲委员会(Commission for Africa)得出了同样的结论,非洲的首要任务是基础设施建设。非洲委员会的运作由经济学家尼古拉斯·斯特恩负责,他也是《气候变化经济学斯特恩报告》(*Stern Review of the Economics of Climate Change*)的作者。

虽然一开始的规划重点是正确的,但是在其实施过程中却发生了灾难性的错误。尼日利亚政府认识到,大力推动基础设施建设需要很多的水泥,而自己现在的生产能力远远不足。政府建议的解决方案是进口水泥,于是将官员派遣到世界各地,穷尽任何一个角落,购买所能找到的水泥。在没有任何协调合作的情况下,官员们下订单,将水泥运往拉各斯。没有一个,至少是没有一个阅历丰富的人思考过基础设施建设的关键途径。如果不把水泥从运输水泥的船上卸下来,水泥是没有任何用途的。拉各斯是个优良的天然港口,可以安全地停泊一整个船队,但是缺少码头和吊车。随着装满水泥的船只在港口里排的队伍越来越长,水泥提供商认识到他们运来的水泥几个月甚至几年时间里也卸不下来,所以就诉诸他们合同的附属细则。附属细则里有一个标准的小条款,提到船舶租借逾期费用的概念,很多船舶运输业以外的人对此都不熟悉。根据这个条款,如果船只抵达了指定的目的地,而在规定的期限内没有卸货,那么买方就要支付每天的船舶租借逾期费。水泥供应商发现,他们摊上了好事,于是找一艘快要毁坏的船,装上水泥,当然是那种质量差的廉价水泥,并希望这艘船能驶到拉各斯,然后就抛锚停在那儿,而且尽可能地停得时间长些,目的就是为了赚取船舶租借逾期费。尼日利亚人嘲讽地称这一幕是水泥舰队。到底有多少是因为腐败造成的,有多少是因为缺乏合作造成的,一直是个谜,谁也说不清楚。但是,这件事警示人们,不要搞什么公共投资中的“大跃进”(big push)。

投资项目的实施需要监督。项目投资的政治环境或社会环境越恶劣,就越有可能出现问题,事情就越有可能出现偏差,因此也更加需要监管。多年来,世界银行在全球各地实施了几千个项目,并对所有项目在完成后马上进行评估,了解项目的实施效果。可以期待的是:这个巨大的数据库可能会告诉我们,什么因素会提高项目的成功率。我决定与丽萨·乔万特和玛格丽特·迪蓬谢尔进行调查。我们提出的问题是:在那些“脆弱的国家”,比如处于战后或冲突后的国家,其政府服务大部分已经瘫痪,这个时候项目是如何进行的?怎样才能促进项目的实施?毫无疑问,在这样的情况下,项目更容易失败。我们要讨论的问题是:围绕项目,是否可以做点什么?我们发现,世界银行对项目的监管在这些情况下一直发挥着巨大的作用值。也许,这会为那些想扩大投资但又缺乏人力的资源丰富的国家提供一些指导。几乎可以肯定地说,资源丰富的国家是不会得到很多外来援助的,也不会得到很多援助人员,因为援助机构希望通过援助那些资源少、不那么幸运的国家,来弥补自然资产禀赋方面的不平等。但是,这儿的秘方不是“依靠世界银行”,而是“从国外雇用所缺的人才”。事实上,这正是博茨瓦纳使用其钻石收入战略的关键部分。政府还不会自负到不雇用外国人的程度,因为雇用外国人既可以培训自己的人员,又可以与外国人一起实施自己的投资项目。

鼓励私人投资

在投资中的投资议程中,第二个部分是鼓励私人投资。终于,我们说到了多数经济学家所喜欢的话题。从 20 世纪 80 年代起,经济学界的主流观点都认为,私人投资比公共投资更具优越性。如果将这一理论用于依靠自然资产实现经济发展,那么会出现两个看起来疯狂的想法。

一个想法是,来自自然资产的租金,比如就智利来说铜矿的租金,赶不上获取资源收入所付出的社会成本。将资源租金留给资源开采公司有助于鼓励扩大资源开采投入，那样会对整个经济有利。赞比亚实行的是这个办法。

另一个想法是政府应该通过税收收取自然资产的租金，但是接着就应该把钱返还回去。原则上说，政府可以真正将钱交给普通百姓，但是除非这是最后一招，没有别的办法，否则政客们是不会那么做的。2009 年 10 月，面临三角洲产油区的公开叛乱，尼日利亚政府宣布将石油收入的 10％直接分给居住在那儿的居民。目前，没有迹象显示尼日利亚政府是如何发放这笔经费的。通常来说，更加实际的解决方案是政府通过银行系统将资金输送给私营企业，希望私营企业在投资方面比政府做得更好。哈萨克斯坦政府采取的正是这个办法，没有增加公共投资，而是将很多收入放在当地银行，再由银行贷款给企业，其他的收入则仿效挪威的模式存放在国外。

尽管主流经济学界依然持否定态度，但是全球经济危机已经掀掉了市场魔力的面纱。不过，将资源收入进行国内投资的结果是什么呢？有几年的时间，哈萨克斯坦好像是取得了极大的成功，国内投资接着就灾难般地崩溃了。当地银行利用自然资源的红利，以政府在国外积存的储蓄经费作为担保，进行国际借贷，从而筹措国内投资的资金。那么，那些从银行贷款的精明的商人都做了什么呢？答案是投资房地产。哈萨克斯坦用这种资产好运终结了所有其他的资产好运。如果你生活在美国或英国，你就会知道，这样的投资是多么不明智。私有投资者与政府一样，也对资源进行掠夺。当他们的错误累积到灾难地步的时候，政府就不得不给他们的错误买单，出手解救他们。所以，让私营企业承担投资的责任固然可以理解，但是必须加强管理，公共部门不应该放弃对私营部门的责任。

尽管如此，政府可以在很多方面鼓励私人投资。如果政府环境不健全，功能失调，就会出现私人财富流向国外的现象，造成资本流失，这种情况下即便是增加公共投资，也无济于事，都被私人资本流失所抵消了。第一次石油价格上涨期间，尼日利亚就发生了这样的情况。

公共投资增加了，当然，由于水泥舰队之类的失误，公共投资造成大量浪费，但是，私有投资下降了，因为人们把财富转移到国外去了。

对于私人投资来说，显而易见的机会是在资源开采领域。通常情况下，资源开采是资本密集型的，因此对于低收入国家来说，投资太大，自己承担不了。正是由于这个原因，该领域一般不能提供很多的就业岗位。更为根本的是，由于资产开采领域的投资会加速自然资产的耗竭，所以会进一步拉近这个国家必须依靠其他收入而生活的日子。因此，投资资源开采可能会有很大的产出，但是想要借此实现经济转型，还远远不够。

私人投资的高回报不仅仅体现在资源开采上，还有其他行业。尽管如此，私人投资也是有局限性的。一个可能的原因是，资源丰富的国家容易动荡不安，随着经济从高潮跌到低谷，企业面临着很多的不确定性。所以，如果有政策可以减缓经济动荡带来的冲击，那么会促进私人投资。的确，这就是国际货币基金组织建议把资源收入放在国外的一个理由。不过，从投资的角度看，那种做法是在把洗澡水泼出去的同时，把孩子也泼出去了。

我和贝内迪克特决定就如何缓冲经济崩溃进行调查，现在看起来是一种远见，其实当时完全是出于偶然。比较典型的是，当世界商品价格下降的时候，低收入国家的出口就陷入严重的崩溃状态，整个经济全面下滑。

有两类国内政策可能会有助于减缓经济崩溃。一种是对经济崩溃的响应，对此，我们现在都已经非常熟悉了。正确的响应从本质上说是有风险的，所以也存在着争议，即不论发生什么情况，都要求政府及时行动起来。另一种是结构上的，在经济崩溃发生之前就制定了政策，先放在那儿，做到未雨绸缪。我们决定研究第二种政策，因为这类政策对政府的依赖少，而且对此开展研究可能对于拥有最底层十亿人口的国家更有帮助。

目前，有一些对政府投资政策的国际调查，其中很有用处的一项调查是“做企业”（*Doing Business*）年度调查，是世界银行组织的。其他的调查多数基于观点和看法，而这份调查则是基于具体的数字，比如商品通关需要几天，依法开办一家新企业需要盖多少个章等。我们决定对这些数据进行分析，看是否有什么办法来减少商品出口国家在物价崩溃以后所遭受的损失。

通常被报道的是"做企业"调查的数据，那个数据就是个综合衡量指标，是在对很多基础性指标进行平均后得出来的。我们的研究工作就从那个综合衡量指标开始，然后抽丝剥茧，看看到底是哪个因素真正起关键作用。我们分析了一系列核心指标，发现它们都和企业创办与关闭的速度有关。政策灵活性越大，出口收入下降所造成的损失就越小。

尽管我们的结果只是一些统计上的数据，但是反映出一些道理。商品价格的崩溃能在经济运行中调整发展的机遇。有些经济活动需要收缩，但是其他的活动应该扩大。如果扩大受到影响，经济产出的损失就会凸显。不过，即便是阻止收缩，也可能是有害的，因为那些不适应的企业苦苦挣扎，苟延残喘，其资源也不能得到更加有效的利用。因此，政策信息要十分明确，商品出口国家的政府应该制定这样明确的政策，让企业的创办和关张都尽可能地容易。

我们的下一个问题是政府是否已经那样做了。我们现在就可以给你答案，现实恰恰是相反的，从宽松的商业环境获利最多的国家，却最可能没有那样的商业环境。根据我们的猜测，这种荒谬关系的背后，是一个功能失调的政治经济。资源收入妨碍了政治家治理国家的正常程序，在正常情况下，政治家会制定和实施特别适合其社会的政策。这里的启示是：资源丰富国家的政府可以做得更好，制定实施有助于多元化私人投资的政策。

我们下一步要调查的是，在减少商品动荡的负面影响方面，国际社会是否可以通过援助的形式做点什么。与国内政策相比，援助，部分上是响应的，部分上是结构的。响应的要求非常高，考虑到援助在组织形式方面的严苛和迟缓，援助看来是不现实的。当援助者对商品价格崩溃作出响应的时候，一切都已经成为历史了。所以，我们下面将注意力集中在结构上面。尽管援助现在遭到很多诟病,但我们发现,结构性援助的确有助于缓解商品动荡产生的不利影响。不过,我们没有看到援助机构愿意给那些最容易受影响的低收入国家提供资金,这种有差别的脆弱性似乎没有被考虑进去。因此,不论是否有明智的响应,如果往结构上引导,那么不论是国内政策,还是国际政策,都可以持续不断地缓解商品崩溃带来的影响。

让资本品的价格降下来

在最近的商品繁荣期间,多数商品出口国家都经历了房地产的繁荣。伴随房地产热的是建筑热,而建筑热推高了建筑的成本。比如,在尼日利亚,仅仅几年的时间,建筑成本就蹭蹭蹭涨上去了,相对于其他产品和服务,建筑成本增长了四倍。所以尼日利亚人可能在投资上花了更多的钱,但是实际上并没有买到更多的东西。投资的增加并没有相应地转化为另外的资本。由于政府和私人投资者都需要投资建筑业,因此高成本的问题对两者来说都是共同的,同样会对公共和私人投入的资金产生不利影响,削弱增加的资本。

投资中的投资议程的最后一部分是确定投资上新增加的资金能够尽可能多地获得回报,而不是消弭在增加的高成本当中。那么,从实用的角度看,政府能够做点什么呢?我们可以想一下建一幢新房子所涉及的步骤。首先,你需要土地。在拥有最底层十亿人口的众多国家中,没有合适的土地市场,土地权是混乱模糊、充满争议的,或者是政府宣称拥有全部土地,但又没有分配土地的合适程序。多数建筑是在城市地区,因此,首要的问题是澄清土地权,促进土地市场发展。塞拉利昂是个遭受了冲突的国家,在这儿刚刚发现了石油。塞拉利昂的首都弗里敦(Freetown)应该是处于建筑热潮中,但是看不到一辆吊车。在政治动荡的年月里,很多有争议的城市土地都注册登记了。不过,在僵化古板的法庭将这些问题协调解决以前,建筑是不能开始的。获得了土地以后,还要申请建设许可证,这就给一些官僚提供了受贿的机会。政府可以让规划过程快一点,少随意一点,更透明一点。建筑需要专门的技能。在一个数十年缺乏投资的社会，一旦投资增加，会非常缺乏技术人员。因此，扩大建筑工人的培训是有帮助的。最后，尼日利亚官员在 1975 年的做法是对的，因为建筑需要水泥。但是，进口水泥需要好的港口设施，国内生产需要好的交通干线。最近，我拜会尼日利亚工业部长的时候，他介绍我认识了尼日利亚最富的人（的确是非常有钱）。这个富人是个务实的人，一面之下就能赢得人的信任。他认识到水泥是发展的瓶颈，从而发了大财。他出售的水泥价格是国际价格的两倍左右。

需要投资的资本品，一部分是基础设施，一部分是仪器设备，比如道路和卡车。拥有最底层十亿人口的国家进口设备仪器而不是自己生产，但价格总体上高于国际水平。由于这一点再一次降低了投资的价值，我和托尼试图发现导致这一结果的原因是什么。我们发现是市场规模的原因。经济规模小，而且投资强度低，这两者结合在一起，就暗示着不论是哪一种仪器设备，其市场需求都可能很小，因此就可能受到垄断企业和同业联盟的控制。幸运的是，这个问题在一定程度上可以得到自我纠正。投资增加会凸显建筑成本高的问题，但是会减少设备的成本。不过，这些自动发生的效果会被扩大市场的政策所强化。最为直接的方式是与周边国家合作，直接拆除市场障碍，实现进口设备仪器的市场区域化。最近，我在塞拉利昂接受了当地记者的采访。采访结束的时候，他接受了我的观点。原来，他既是记者，也是商人，创建了自己的报纸。出版发行一份报纸不是那么容易的，最主要的原因是难于找到价格适宜的印刷机械。为了找到合适的二手印刷设备，他需要到尼日利亚，因为那儿是西非仅有的大市场。签证、外汇以及交通匮乏等都阻碍着印刷设备的购买，但是天遂人愿的是，有些尼日利亚的银行建立了区域性的网络，在塞拉利昂设立了支行。

抓住经济低潮期

资源丰富的国家刚刚经历了历史上最大的经济高潮期。经济高潮期不是实施投资中的投资议程的好时候，不应该给予高度关注。政府手里的票子太多了，那种同样的不理智的狂欢精神在最贫穷国家引起了众声喧哗，跃跃欲试，而事实上，那种狂欢在最富裕的国家已经被证明是个大灾难。经济高潮期结束了，繁荣让位于萧条，增长让位于跌落。但是，看起来矛盾的是，现在恰恰是在投资领域投资的时刻。你也许对可能丧失了一个巨大的机会而耿耿于怀，这样想是有益的。投资中的投资议程本身是不需要大力增加支出的，它只是扩大投资的前奏。如果没有这个前奏，投资繁荣就很可能转换不成可持续的高增长。所以说，经济低潮期本身就是个机会，只要抓住，就可迎接下一个繁荣时期的到来。

第三部分　自然是个工厂

第8章

鱼是自然资产吗?

石油、铜和其他矿物质只能使用一次,所以从本质上看,它们都是可以耗尽的自然资产。但是,大自然还是个工厂,能够持续不断地进行无限生产。当然,这种自然的生产过程是繁殖性的再生产,鱼、树、熊猫等都具有繁殖的能力(尽管熊猫看起来繁殖能力不太行)。这种可再生的自然资产对我们来说是双倍的福分,虽然它们并不是我们创造的,但我们却能够永远地享用它们。

掠夺对于可再生自然资产的威胁比可耗竭的自然资产还要大。与其他的生产程序相比,可再生资源繁殖具有特别的弱点:需要保持极大的数量,才能实现消费的不间断。如果汽车的生产形式像树木的再生一样,那么通用汽车公司的年产量就得扩大很多倍,以便从中筛选新的汽车。而实际上,通用汽车公司所需要的只是一个工厂。与掠夺一个巨大的资源储备相比,掠夺一个工厂就显得没有那么大的诱惑力。因此,对繁殖的可再生资源进行掠夺的动力就更大。我们现在能够享有可再生自然资产的丰硕成果,是因为我们的先辈没有进行那样的掠夺。他们并没有耗尽自然资源,如果是那样做了,就会侵犯未来人的权利。那个时候,杀死了最后一只渡渡鸟的人会想什么?也许不会想很多,只是“射杀它”;也许因为它是最后一只,所以不能繁殖了;

也许他根本没有意识到那是最后一只鸟，意识到以后也回天无力了。从本能上，我们可以感觉到，掠夺一种可再生自然资源，直至其消亡殆尽，这是个令人恐惧的错误。对于这些，经济学能做些什么有用的事吗？

在最简单的经济中，任何东西都是可持续的，经济状况年复一年地完全一样。这样的世界，不是我们应该渴求的。如果一切都维持原样，那么最底层的十亿人的赤贫也不会有任何改进。现在看，那也是不可能的，因为不可再生的资产正在逐渐地耗尽。但是，在这样的经济中，自然界实现着自我的再生，年年如此，岁月更替，自身的价值保持着不变。今年的一条鱼，其价值和明年的一条鱼是一样的。如果自然资产保持着它们的价值，那么其回报只是自身生长和繁殖的速度，比如树木每年会以一定的速度生长，鱼会繁殖后代。

在一个生长和变化的世界里，与其他资源相比，可再生自然资产可能会显得多，也可能会显得少。比如，在 18 世纪，澳大利亚从英国引进了兔子，结果兔子大量繁殖，因而由自然资产变成了有害动物，其价值也降到了负值。海鲜是奢侈食品，到了 21 世纪，即便我们保持海鲜正常的供应，海鲜的价格依然会变得更加昂贵。因为龙虾数量虽然维持不变，但吃的人将会更多。在这个世界上，在我们生活的这个社会，可再生资产的价格是变化的。

根据霍特林法则，如果不可再生资产是以社会效用最大化的速度开采，那么其价格或者更准确地说，构成租金那部分的价格，会按照世界利率增长。如果价格增长过快，就说明我们对自然资产的开采太过了。如果我们将更多的自然资产留在地下，那么得到的回报将大于其他投资的回报。同样，对可再生自然资产有效开采利用的标准是：全部的回报应该等于世界利率。可再生自然资产的全部回报包括两部分，即繁殖更新率加上价格的变化。这听起来很复杂，但是值得研究，因为这个标准给我们负责任地使用可再生资源资产提供了一个基点。

我们一旦使用这个法则，就会发现，显而易见，所谓不折不扣的可持续性，也就是完整地维持可再生自然资产的保有量，根本不是一个明智的目标。将自然界维持在其过去的状态，这从经济上来说，不是必须恪守的美德。在中世纪的英国，政府担心会没有足够制造弓箭的木头，所以就在所有的乡村墓地里都种植了树木。这些树现在看起来依然很漂亮，但是我们再也不需要木头了，由于技术的进步，我们现在用枪打仗，效率更高了。尽管如此，保持一定数量的可再生资产在伦理道德上还是有一定意义的，就像在湿滑的地面上，我们的双脚有个立足点。保持那样的数量，我们就可以负责任地享用自然资产，同时也不必对未来的子孙进行补偿。自然资产是供我们使用的，但是“我们”还包括未来的人，包括他们使用自然资产的权利。对于其他自然资产，未来的人也有使用的权利，因为那些资产不是人造的，因此，当代人对于自然资产只拥有监管使用的权利。

我们前面说过，对于不可再生的自然资产，监管的责任要求我们留给未来人口与我们消耗的资产同等价值的资产。那么，对于可再生资产来说，有什么不同的吗？有不同，可再生资产每年自动地会有产出，那是自然的馈赠，是自然的收获。这部分收获是我们祖先消费的，也是我们消费的。对于这部分自然资产可持续收获的消费，我们不需要对后代进行补偿，就像后代不需要补偿他们的后代一样。这些收获是我们应得的，但是我们消费的比例可能不是最佳的。如果我们每个人是以一个常数来消费海鲜，那么每人每年消耗的海鲜数量都是一样的，海鲜价格就会暴涨。因此，如果投资海鲜，扩大产量，那么回报就会比多数其他的投资回报大得多。作为一个社会，我们没有**义务**为未来做这一切，我们的政府没有必要将扩大的海产品资源以社会资产的形式交给未来的政府。只要产权明晰，那些资产就是非常好的私人投资，你会希望将养老金投进去。未来的人有权利免费享用与我们一样多的龙虾，但如果是牺牲我们的利益以享用更多，那就需要补偿我们，补偿我们留在大海里的那些美味的龙虾，补偿的目的是扩大龙虾保有量。因此说，保持一定数量的海鲜，让它可持续发展，并不是理想的战略。我们有权利吃掉可持续性允许的所有的龙虾，但是如果我们把一些龙虾放养繁殖，而不是吃掉，那将是明智的，因为我们可以以一个好的价钱卖给未来的人。

未来的人将如何看我们?

龙虾是个不复杂的案例(顺便提一下,除非你是龙虾解放前沿协会的成员,那可是个真正的组织)。龙虾的确是奢侈品,我们只能从它可持续的收获里吃一点。如果未来的人对我们的克制和节俭给予丰厚的回报,那就把更多的龙虾留给更富裕的、更喜欢吃的子孙后代吧。

下面让我们看一个从情感上更加复杂的案例,这就是森林。要求我们这一代确保世界森林的可持续性,这个伦理标准是不是设定得太高了?当然,我们现在知道,森林是储藏碳的一种便捷形式,但是我要到下一章再谈论碳的问题。恰恰相反,我想请诸位想一想,几十年前,在我们还没有认识到全球变暖是个问题的时候,那个时候的森林管理伦理是怎样的?难道所有的森林都要保存下来吗?很明显,我们的祖先并不是这么认为的。他们建造了我们现在生活的城市,建造了我们种植庄稼的农场,这些土地在此之前都是有森林覆盖的。从道理上讲,开采利用可再生资产必须达到与开采利用不可再生资产同样的条件,对自然资产监管的责任会要求未来人口对我们说:"是的,很好。你们通过其他资产给了我们完全的补偿。"当然,实实在在地说,他们怎么讲,我们永远也不会知道。将来,我们的子孙评价我们的时候,我们都不在了,都去世了。因此,我们必须采取道德哲学家在思考伦理问题时所使用的标准技术,那就是思想实验(thought experiment)。

在这个案例中,思想实验是很简易的。我们只需要设身处地把我们想象成未来的人就可。当代人什么样的行为在他们看来才是符合伦理的,才是正当合理的?在确定当代人开发利用森林的伦理正当性之前,必须考虑两个条件。一个条件是砍伐森林会创造其他的投资机会,进而带来比森林全部回报还要高的回报。由于可再生资产的全部回报包括资产价值的升值,如果木头的价格越来越高,我们在决定是否砍伐森林的时候,就要考虑那个因素。另一个条件是我们真正把这些其他的投资都当作社会拥有的资产遗赠给未来人口。

如果我们砍掉最后一棵树，或者是吃掉最后一条鱼，我们的子孙后代会因为我们用光了他们应得的自然资产而诅咒我们吗？如果我们的身体能够穿越到未来，处于未来人的位置，就会给出一个更好的伦理指导。未来人口的态度可能与我们的不一样，因为他们了解的信息没有我们多。即便是我们吃掉了最后一条鱼，我们的子孙后代可能只是耸耸肩说："没关系啦，况且，我们也可能不喜欢吃鱼啦。"我们心里更清楚，从来没有吃过鱼的人怎么能知道鱼的味道，怎么能知道缺失了什么？还有另一种相反的情况，他们对于从前自然资产掠夺的判断也可能会太苛刻。

这儿有一个例子。当代的厄立特里亚人诅咒他们的祖先掠夺了土地上的树木。更为奇特的是，厄立特里亚人还将现在缺乏树木的现状归咎于埃塞俄比亚人，指责他们在两个国家数十年统一的时间里把自然资产给掠夺了。独立以后，厄立特里亚政府组织实施了大规模的再植树计划，种植了 500 万棵树，从而重造了森林。但是，厄立特里亚(Eritrea)有着非常复杂的殖民历史，事实上以前就经历了同样的心理上的怨愤。成为埃塞俄比亚的一部分之前，厄立特里亚是意大利的殖民地。归属埃塞俄比亚期间，森林缺乏归咎于意大利人把树木掠夺走了。到了现在的政府，斥责最近的殖民者有着明显的好处。不过，厄立特里亚的不满还不止于此。尽管厄立特里亚的殖民历史非同寻常地复杂，但相对来说还是短暂的。在争夺非洲的舞台上，意大利露面较晚，厄立特里亚是剩下的最后一块可以抢夺的地盘。进入 20 世纪，意大利的第一批殖民者踏上厄立特里亚的土地，就发现了让人失望的景象，他们争夺的殖民地上，几乎没有树。尽管意大利人不可能弄错他们不受欢迎的事实，但是厄立特里亚缺乏树木还是为他们殖民的正当性提供了一块遮羞布，实际上不只是一块遮羞布，而是一座遮羞的森林。意大利人认为，厄立特里亚没有树木的根本原因一定是厄立特里亚人把它们掠夺光了。殖民者要给自己的行为披上善行好意的外衣，而扮演监管的角色更容易被接受。

几十年来，关于森林缺乏的指责不绝于耳，不论是谁掌权，都设法证明其对于所征服土地的合法性。你可以想象，这种征服可以往前追溯多远。这么说吧，在档案资料的最底层，有一部 16 世纪初期的游记，是一位僧侣写的，他走遍了这个国家，记录下他的观感。他主要评述厄立特里亚人，但也注意到当地一个特别的现象，这就是几乎没有树木。

那么，关于树木被掠夺的故事是不是完全就是虚构的？好像不是。在意大利人统治厄立特里亚和厄立特里亚归属埃塞俄比亚之间，英国人挤了进来，进行了短时间的占领。正如密歇拉·黄（Michaela Wrong）在《我不是为你做的》（*I Didn't Do it for You*）一书中所描述的，由于北非战役，英国人在二战中无意间将厄立特里亚从意大利的统治中解放了出来。英国只是对这个国家实施临时的管理，因为他们在那里没有长期的利益，而且当时英国人正处于战争期间，战事又进行得十分惨烈。作为战事准备的一部分，他们需要木材，所以只要发现，就会砍下来。厄立特里亚的多数土地都太干燥，长不成大树，但也有小片的树林，所以也就被砍掉了。但是，那个时候去指责英国人不会给厄立特里亚带来什么声望，因为英国人是他们的解放者，所以是不能指责英国人的。

因此，后人如何看待我们的行为可能不是取决于我们做了什么，而是取决于他们愿意记住什么。不过，最终，后人如何评价我们，是无关紧要的。从伦理的角度看，最基本的一点应该是，如果后人掌握了完全的事实，他们会如何看待我们。与穿越到未来相比，思想实验不只是更加可行，而且还更加贴切。

鱼归谁所有

截至目前，我简略地区分了私人所有权和社会所有权的不同。现在转向另一个问题，也就是本章的标题，鱼是自然资产吗？自然资产的一个本质特征是：它不是人造的。那么，鱼是人造的吗？有些是，有些不是。如果你在超市里买烟熏的三文鱼，你会注意到有两种，野生的和养殖的。养殖的三文鱼和奶牛一样，就不再是自然资产，因为它是人工养殖的,投入了人力、技术和资本。只有野生的鱼才是自然资产,同理,树木也是这样。如果你种植了一个果园,那就不是自然资产,而是你的私人投资。只有不是人工种植,而且也不生长在私人拥有的土地上的树木,才是自然资产。种植和所有权之间是有关联的,人们不会在不是他们的土地上种植树木。我住所附近有个街道,在英国历史上曾发生过广为人知的案件。最初的时候,街道上所有的房舍都是私有的,但是后来,政府建造了面向社会的廉租房。对于穷人的入住,原来的居民很是不满,所以当地人就在街上建了一堵墙。这堵墙的命运就像柏林墙一样,最后拆除了,在撒切尔夫人执政时期,公租房卖给了私人。但是,这个街道曾经分割的历史依然可见,而且现在比过去更明显了,在一直属于私人的那一半,前面的花园里长着很多大树;而一直租给穷人的另一半,则没有树木。如果没有所有权,人们是不愿意投资不动产的。

现在让我们回忆一下北美野牛的命运。那些野牛是自然资产,不是私人拥有的,而且很容易被发现,所以十分脆弱。以前,野生鱼躲藏在深深的大海里,以此保护自己,但是,最近也不行了。事实上,由于被捕获的野生鱼越来越多,野生鱼的自然保护能力也越来越强,因为这些鱼越来越难以发现了。但是,捕鱼技术的进步极大地改变了野生鱼的可持续性。现在,野生鱼的捕获效率很高,很容易被捕获殆尽,剩下的野生鱼难以维持种群的繁衍。等到鱼群数量减少到人类找不到一条鱼的时候,鱼彼此之间也找不到了,那么鱼的繁衍生息就停止了。最近,亚马孙河的原始森林也不再进行自然保护了,因为那里树木和土地的价值不足以保护它们不被砍伐。再也没有什么森林了。政府开垦土地,发展私人农场。经济学家把这种现象归结于“公共池塘问题”(common pool problem)或“公地悲剧”(tragedy of the commons)。在私有财产权缺位的情况下,除非有地方乡约的保护,所有的自然资产都很容易被掠夺。不过,所谓的地方乡约通常经受不了快速的社会变革。与不可再生资源的掠夺相比,可再生资产的掠夺更是一场灾难。如果一种可再生资源被灭种,不仅是未来的一些人,而且是**所有**

的未来人，都被剥夺了利用这种可再生资源的权利。

所有这一切告诉我们什么？我们对可再生资产进行社会有效管理需要这样一个基准，自然资产的价值，包括自身的升值和自我繁殖带来的收获，要随着岁月的推进而实现充分的提升，其全部价值要等同于其他资产带来的回报。自然资产的收获应该就是这样发展而来的。在履行监管责任上，我们有着伦理上的法则。可持续的收获是属于我们的，是可以享用的，但是我们可以往另一个方向偏离一下这个法则，这就是扩大可再生资产的储量，只是需要未来的人付出一定的成本；或者是耗尽可再生资产，然后给未来的人以补偿。自然资产属于我们所有的人，包括未来的人。不过，需要对自然资产实行社会所有还是保护它们不受掠夺，这两者之间很难选择。在第 2 章，我提出，拥有和管理自然资产权利最合理的机构是政府。我们的星球上有着各种各样的国家，每个国家都有社会承认的政府，原则上代表其公民的总体利益。对于大多数自然资产来说，这个办法是可行的，但不是所有的自然资产都适用。公海不属于任何一个国家，所以公海里的鱼就应该属于全世界的人，因为那是全球公共资产。同样，极地也不属于任何国家，关于极地的所有权现在有着激烈的争论。这把我们拉回到临近性原则，也就是说，对在时间和空间上离我们近的人，我们感觉有更大的责任和义务。同样，我们对离我们近的自然资产也觉得有更大的权利。与北极圈接壤的加拿大、挪威、俄罗斯等国家，都主张对北极的自然资产拥有所有权。这个问题现在凸显为最受关注的问题，因为那里很有可能蕴藏着 900 亿桶石油，可以为人开采利用。如果进行类比，公海是否应该归属距离最近的国家？如果是那样的话，公海里的鱼都归某些国家的政府所有。目前，鱼的所有权有三种：一是养殖的鱼，所有权属于养殖场；二是领海里的鱼，所有权属于某些政府；三是领海以外的鱼，不属于任何国家所有。鱼是否是自然资产，并没有本质的要素来决定，仅仅是看鱼在什么地方。

对于那些生活在公海里的鱼，不论是代表一个社会去开发利用鱼类资源的价值，还是保护未来人口使用鱼类资源的权利，都是政府的责任。这两个方面都要求政府对捕鱼量施加一定的限制，通过执法，确立特定捕鱼量的权利。这些权利，也就是捕鱼配额，是有价值的，那么谁应该得到这些价值？在我看来，答案显而易见，权利应该属于全体公民。而事实上，并不是这样。那些权利被捕鱼游说利益集团给拿走了。如果认为渔民应该免费得到竭泽而渔的权利，这等同于让石油公司免费得到开采石油的权利。这就会形成一种破坏性的力量。如果捕鱼配额可以免费发放，那么捕鱼游说集团会要更多。对于限制捕鱼量，渔民应该有强烈的兴趣，因为如果鱼类资源枯竭，渔民这个职业就消失了，他们的渔船也变得毫无价值了。如果一种有价值的自然资产是免费给予的，你会尽最大可能地多获取一些。如果采取将石油开采权拍卖给石油公司的做法，把捕鱼配额拍卖给渔民，那么扩大捕鱼配额的压力就会减小。但是，正如现状所显示的，捕鱼游说集团的势力很强大。于是造成的结果是：政客同意批准那些不可持续的捕鱼量。事实上，捕鱼游说集团已经超额获得了回报，不仅免费拿到了捕鱼配额，还得到了巨额的政府补贴。

世界捕鱼量每年大约在 800 亿美元，捕鱼补贴大约在 300 亿美元。捕鱼补贴当然是 OECD 富裕国家补助给自己国家的捕鱼船队的，而且不论捕鱼船队去哪里捕鱼，都可以获得捕鱼补贴。如果船队的捕鱼活动是在 OECD 国家的领海之中，那么至少是 OECD 国家的纳税人在支持掠夺未来的资源。当然了，到公海里捕鱼以及到拥有最底层十亿人口的国家不怎么设防的海域去捕鱼，这些船队一样得到补贴。塞拉利昂的渔业部长曾解释过这个问题，政府没有警力保护自己的领海，所以那些得到资助的外国渔船捕获他们的渔业资源时，自己国家的渔民也只能无助地看着。唯一的帮助来自中国政府，中国政府提供了一艘海警船。塞拉利昂至少还有个渔业部长，而索马里（Somalia）甚至连政府都没有，其不加设防的海域被外国捕鱼船大肆捕捞，其中很多船都是得到政府补贴的。当地的索马里人眼睁睁地看着他们的生活来源被掠夺、被攫取，于是，他们想起了那些古老的格言，就把自己变成了得人的渔夫。

由于这些极度错位的激励措施,世界捕鱼船队的捕鱼量大幅提高,估计要比可持续捕鱼量高出40%,这一点也不足为奇。同时,由于鱼类资源保有量为满足未来人口日益增长的需要而不断扩大,所以即便是可持续的捕鱼量也可能非常大。取消补贴政策的话,就需要采取集体行动,这是个综合性问题。没有哪一个OECD国家愿意独自取消补贴政策,从而把自己国家的捕鱼船队置于相对不利的位置。但是,数十年来,OECD一直在加强合作,应对这一挑战。处理这一问题的合适机构是世界贸易组织(World Trade Organization),这个国际组织可以制定规划,逐渐地实施有约束力的规则,相互间去除各类补贴。

补贴是导致管理功能失衡的激励措施,但是,如果放弃使用有价值的捕鱼配额,那就会使得问题更加复杂,带来腐败的风险。在冰岛(Iceland),捕鱼配额的价值大于其他资产。目前,冰岛更为出名的是其银行,而不是捕鱼业,因为冰岛在金融灾难中首当其冲。不过,两者之间是有联系的。冰岛银行用来扩大投资的最初抵押品,就包括那些捕鱼配额。那些本来应该属于冰岛普通百姓的自然资产被政治挪用了,但是,银行依靠那些自然资产发财后所遗留下来的人为性的责任和烂摊子,现在全部落到了冰岛的普通百姓身上。

捕鱼配额为什么会被放弃?一个解释是捕鱼权并不总是有价值的。由于捕鱼技术的落后和原始,大海里总是有着充足的鱼,鱼的价值只不过是捕鱼过程中所付出的危险劳动。在这种情况下,捕鱼和采煤看起来很相似。煤炭储量丰富,但是开采困难,所以煤炭的主要价值体现在开采活动上,而不是获得开采权。但实际上,煤炭开采是这样,捕鱼却不是。由于技术的进步,捕鱼的成本已经大大降低,未来的技术甚至会以更高的效率将鱼类资源一网打尽。其结果是,如果任由鱼类资源放任不管,那就会被掠夺殆尽,造成鱼类资源的灭绝。

那种掠夺的态势与淘金热相似,同样的效率低下。一开始,捕鱼用的是同样的船。现在,装备了新技术,捕获了更多的鱼,所以获得了巨大的利润。然后,又造了更多的船。这些新造的船一哄而上,驶入鱼类资源逐渐枯竭的水域,所以每艘船的捕获量不断减少,直至没有什么利润。我们最后得出了这么一个低效率的均衡状态：捕鱼船的捕鱼量比应有的小很多，原因是鱼类资源变得非常稀少。这种现象的发生显示，技术进步使得捕鱼更像采油，而不是像挖煤。开采权之所以有价值，是因为所开采的物品的价值高于开采的成本。以经济学的术语来讲，技术进步创造了鱼的租金。但是，由于鱼类资源所有权的缺失，那些租金就会消失在寻租的成本之中。太多的捕鱼船蜂拥而入，就像塞拉利昂数万名怀揣梦想的年轻人一哄而来，寻租被冲积出来的钻石。

但是，与金子和钻石不同，鱼是一种可再生资产。如果过度捕捞，就会掠夺未来的资源，使得鱼类资源保有量下降到自我繁殖点之下。虽然鱼类资源捕获量大，保有量减少，但是渔民并没有挣到钱。捕鱼是个艰苦的职业，风险又大。而如果采取配额制度，鱼类资源的租金就不会太分散，就不会让太多的渔船去捕太少的鱼，从而造成僧多粥少的局面。实行配额制以后，有配额的渔民就可以用很低的成本捕获价值高的鱼，自然资产的价值就是这些租金的价值。渔民可能感觉到他们是一直拥有捕鱼权的，所以捕鱼的配额理所当然应该是他们的。但是，渔民只有捕鱼的权利，而鱼作为一种自然资产可能会没有价值。再者说，鱼的价值来源于渔民付出的辛苦。渔民将继续拥有这个权利，这是对他们劳动的合理合法的回报。不过，他们既没有免费掠夺未来资源的权利，也没有占有因限制捕获量而带来的租金的权利。

政府应该对其领土内没有归属的可再生自然资产加强管理，履行好管理的责任。就鱼类资源来说，政府应该通过竞争方式将捕鱼权拍卖给渔民。如果当地渔民想买捕鱼权，就应该进行竞争，否则其他人就会感觉他们的权利遭到了掠夺。

有时候，监督实施配额制的成本取决于当地人的合作。在这种情况下，如果至少让当地人得到一些租金，那可能显得合理一些。如果政府试图独吞所有的租金，当地人可能就会进行盗捕和偷捕等非法捕捞。

有些政府试图通过创建保护区来解决这一问题，将当地居民迁走。这是美国建设国家公园的模式，通常情况下，美国的做法是成功的，因为实施这项政策的时候，当地还没有多少居民。不过，在坦桑尼亚和其他人口密集的国家，情况就不一样了。而且，从环保角度看，将全部居民迁移出去也是不合算的，因为从保护区迁出去的居民会开发利用附近地区的自然资产，所以保护区内的可再生资产的开发虽然降到了零，但是附近地区的可再生资产开发却上升了。在多数生态系统中，从比例上来说，建立保护区造成的危害要大于获得的收获，最好是将可再生自然资产的福利惠及更大的区域，而不是把一部分完全保护起来，任由另一部分被人掠夺。将居民全部迁移出去是为保持可持续性而作出的官僚主义反应，而不是一种经济上的对策。最好的办法是让当地居民因地制宜，靠山吃山，靠海吃海，赋予他们利用自然资产价值的权利。自然资产权利越是地方化，其私有化解决方案的进程就越快。就像私人拥有的养鱼场一样，私有化的森林在可持续方面会得到更好的保护，人们对自己的自然资产在管理上有着更大的动力。反对将自然资产私有化的人认为，如果这样做，其他人的权利，包括当地人和未来人的权利，就会被掠夺。但是，如果对可再生资产实施社会管理的成本超过资产本身的价值，那么无偿地让这些资产私有化，要比任由自然资产无人保护的状态更好。虽然看起来私有化侵犯了其他人的权利，但是实际上保护了自然资产，使得自然资产免受掠夺，免遭耗竭和灭绝的厄运。

一个适度的建议

在所有自然资产中，最容易受到侵害的是在公海里游动的鱼。它们现在的命运就像当年的北美野牛一样，几乎没有得到国际社会的保护。幸运的是，多数鱼生活在海岸附近的水域，位于 200 英里领海之内的专属经济区。公海就相当于大洋里的沙漠，全球只有 15%左右的捕鱼量来自公海，价值大约是 120 亿美元。如果捕鱼船队的数量减少到合适的水平，那么从公海捕鱼中所获得的租金大致是总价值的 10%到 50%，也就是 12 亿美元到 60 亿美元。由于全球的捕鱼船队过于庞大，这些租金现在都耗散在捕鱼成本之中。本来，这些钱是应该为社会所获得的。

解决的办法之一是扩大国家领海的水域，从而使每一滴海水都属于某个国家。尽管国际公海里鱼的租金不是很多，但是这样的领海权利的扩展将会开创先例，涉及大量的利益。因为，一旦某个水域归属某个国家，海水下面的洋底当然也随之归属那个国家。随着技术的进步，海底的矿产很快就会开采。事实上，人们已经开始从深海里开采石油和金子了。这是地理邻近性原则运用的极大延伸，其实，不论任何情况下，邻近性原则的约束力都不强。政治地理不是一个连续性域界，国境线就像是断崖的边缘。在国境线以内，公民享受同等的权利，正如税收再分配制度所显示的，每个人对公共福利都有很大的权益。但是，如果超越国境线，人们的权利和权益以及主张都要弱化很多。另外，依据邻近性原则对海洋进行分割，会形成一些像科威特那样的小国家。这样形成的新的科威特将会是大洋中一个很小的、很遥远的岛屿，但可以主张拥有巨大的领海以及渔业和矿产等自然资产的权利。如果将邻近性原则运用到大海上，就会从制度上完全将世界上最贫困的人口排除在外，我指的是那些生活在内陆地区的贫困人口。所有对自然资产的权利都是人为建构的，因此这儿我再重申一下那个观点，既然自然资产不是人造的，人没有付出劳动，那么自然资产就没有天然的拥有者。

还有个更好的解决办法，就是将海洋中的自然资产归联合国所有。作为一个国际组织，联合国远不完美，但是我们也不可能找一个更合适的机构。对野生鱼类资源的保护意味着对捕鱼量实施限制。这些捕鱼限制是需要某些机构提出来的，同时还需要将资源监管和投资智慧努力结合起来。随着捕鱼量限制的实施，捕鱼权将变得很有价值。如果这些捕鱼权只给那些能捕鱼的人，那么国际政治生态将变成灾难性的，每个捕鱼的国家都会集中资源进行游说，尽可能多地获得捕鱼权。用经济学术语来说，这里面有很多的外部性。整个社会的福利往往与具有决策权力的那些人的利益不一致。为了使这些外部性内部化，也就是说让激励措施符合社会利益，捕鱼权的价值应该归属制定规则的机构。如果在养鱼场，这是自动发生的，渔场老板每次只捕捞出能够保持长远利润最大化的鱼的数量。市场的魔力就在于渔场老板的利益和我们的利益是一致的，他通过给我们提供我们所需要的鱼而挣钱。

将海洋管理权赋予联合国，就意味着把公海变成了一个巨大的养鱼场。对于联合国来说，最基本的底线就是将捕鱼量限制在基于科学的、可持续的水平，从而保持鱼类资源数量的稳定。但是，当然了，鱼的价格可能会上涨，因为世界变得越来越富有，人口越来越多。所以，扩大鱼类资源是个好的投资。联合国不仅需要科学家就可持续捕鱼量提出建议，而且还需要经济学家。比如请经济学家提出一个最初的、小一点的捕鱼量，从而让鱼类资源扩大。从发展的角度看，联合国甚至可以借用捕鱼权，并以此作为抵押物。比起冰岛银行，这将是更好的投资机会。

作为鱼类资源的拥有者，联合国需要实施正确的激励措施，实现长远社会价值的最大化，每年都限制最大捕获量，拍卖捕鱼权。这方面的挑战是：如何实施对捕鱼数量的限制。尽管实施限制最明显的地方可能是捕鱼的地方，但是在大海上执法是一项艰巨的任务，即便有卫星的帮助，依然如此。实施捕鱼量限制最容易的地点可能是渔船上岸的地方，或者是交易的地方，即批发市场。几乎所有深海捕获的鱼都要经过批发市场才能来到你的餐桌。联合国可以将捕鱼配额拍卖给鱼贩子，再由他们在各个批发市场出售。和购物时付税一样，只有依附在一定数量的捕鱼配额上，鱼的批发买卖才算是合法的。这些捕鱼配额可以在国际市场上进行交易。从所有的实际目的来说，这个体系就像是一种国际税。买鱼的消费者会知道，所付出的钱里面，有多少是以税的形式付给了联合国。由于人们不喜欢付税，所以就会促成事态的良性发展，付税的人会问为什么需要交这种税，还会问联合国用这笔钱干了什么。正是在纳税人的监督下，联合国才可以将这一工作做好。

当然，也有反对这个建议的，反对最强烈的组织是捕鱼游说集团。他们反对这个建议的原因很简单，那就是他们想独吞自然资产的租金。但是，话又说回来，在自然资源匮乏的情况下，为什么渔民应该得到捕鱼的权利？鱼类资源非常充足的时候，捕鱼量大大低于可持续捕鱼量，捕捞上来并卖到市场的鱼的价值就是捕鱼所付出的劳动和成本。捕鱼中是没有租金的。但是，如果鱼类资源变得稀缺，捕捞就会更加困难，捕捞活动本身的价值就会变小，而获得捕捞权的价值就会变大。

由于愿意捕鱼的人比可以允许的多，所以没有理由和道理通过政治照顾将捕鱼权赋予渔民。那些租金的价值应该归属我们所有的人。

但是“我们”指的是谁？海洋不是国家领海，它们是真正属于全人类的全球性地盘。作为可再生的自然资产，野生鱼类资源既属于我们，也属于未来的人。如果我们的捕鱼量超过可持续捕获的水平，在不用同等价值的资产对未来人口给予补偿的情况下，我们就是资源的掠夺者，应该感到羞愧甚至是有罪。尽管有很多的不足，但比起其他任何组织，联合国可能是最有资格获得这些租金的。联合国提供全球公共产品和服务，比如世界粮食计划（World Food Programme），对于这项计划，没有人愿意买单，因为对于公共产品和服务，存在的本质问题是搭便车。通过全球渔业资源税来支付紧急援助，从而防止饥馑，看起来好像是不可能的，但是实际上会将两个重要的全球性需求联系起来。一是世界粮食计划将会有一个可信赖的收入来源，从而更好地满足社会需求；二是水产捕捞业将会有一个可以期待的未来，消费者也知道他们吃的鱼不是掠夺来的产品。这样做，甚至对鱼类也有好处。

自然责任

工厂生产我们所需要的产品，同时也排出浓烟。事实上，浓烟滚滚的工厂正是经济学家用来阐明外部性理论的经典景象。工厂出售了所制造的产品，但是并不用为排出的浓烟付钱。我们现在知道，那些烟雾比我们以前所了解的破坏性还要大。不过，里面也就是二氧化碳，而且，二氧化碳是生命的基本要素之一。但是，碳已经变成了一种自然负累，它在大气中累积起来，吸收了热量。当然，只是在超过一定阈值，变得过多的时候，碳才成为一个问题。我们排放的碳已经超过了那个阈值。

随着更多的二氧化碳吸收了大气中的热量，地球变热了。随着地球变热，气候变得更加变幻莫测。由此造成的影响是广泛的，而非洲将是受影响最严重的地区。非洲地域辽阔，气候变化的影响不会完全一样，但是看起来，以前干燥的地方将变得更加干燥，使得主粮不敷使用。越来越多的气候异常，比如干旱、洪涝、酷热等，都对传统的作物种植造成巨大破坏。农业是非洲当下主要的经济活动，将变得生产力更加低下。快速增长的人口将在越来越恶化的自然环境中讨生活，勉强维持生计。

二氧化碳将本书的关键主题连在了一起。尽管大自然中就有碳，但是过多的碳现在已经成了一种负担，一种责任。从本质上看，大自然并不一定全都是良善的。二氧化碳不仅是工业排放的，而且还是一系列自然过程中排放的。比如，在所有的人类经济活动中，也许最自然的活动是养牛。几千年来，牧民生活在辽阔无垠的大草原上，但是，从全球变暖的角度看，牧民的放牧生活比核电站的威胁还要大，因为核电厂产生能源，发电，但不排放碳，而牛却放屁，排放碳。

碳是可再生的，它在经济学上同鱼和树一样，有着同样的意义，只不过碳不是一种可再生自然资产，而是一种可再生自然负累。碳的危害性不是取决于今天排放了多少，而是取决于近百年来累计排放了多少。正是由于碳是累积在大气中的，所以不仅要考虑碳的现存量，还要考虑碳的现排量。事实上，碳就是一种债务。过量的碳在大气中积存，就相当于借的债在银行里累积，方式完全一样。债务就是一种负资产，因此我说的关于资产耗尽的一切内容都同样适用于债务的累积。这些自然负累都是未来人口要面对的，因此，我们有义务在决定是否排放二氧化碳负资产的时候，充分考虑未来的负担。

与自然资产一样，自然负累也有着同样鲜明的特色，这就是缺乏自然所有者。没有什么明确的方式来找到特定的人承担自然责任。两者之间的关键区别是，在自然所有者同样缺失的情况下，人们只热衷于争夺自然资产，自然责任却无人问津，成为大自然的孤儿。因纽特人对于头顶上面的二氧化碳无动于衷，只对脚下的石油汲汲以求。

关于自然资产，缺乏自然所有者会导致资源掠夺；关于自然责任，缺乏自然所有者也会导致掠夺，只是掠夺的方式是完全不同的。只要在生产过程中出现私人获益，自然负累就会随之增加。没有任何理由认为，私人获益大于社会损失。

从本质上看，自然资产问题需要更高程度上的社会合作，除非所有权有了归属，否则仅靠市场是解决不了的。截至目前，就非市场的社会合作方面，如果政府代表我们拥有自然资产，政府就是最为重要的机制。但是，关于碳这一自然负担，是很独特的，因为它是全球性的，而不是国家性的。如果其他国家不配合，仅有一个国家承担自己国土上的碳负担，那是完全没有意义的。治理碳排放需要全球合作。

罪的代价和机会主义道德

关于碳的讨论，现在全球都在热议“碳总量控制与配额交易”制度。在达到全球安全限制的前提下，碳排放的权利被授予各个国家、公司以及个人，然后，这些排放权可以进行交易。如果想在自己的配额外多排放碳，那就需要向其他国家、公司或个人购买排放权。

这样的讨论充满着道德感和机会主义，都在哥本哈根（Copenhagen）气候大会上得到了展现。所谓的道德感是一种对中世纪基督教神学的奇特共鸣。按照基督教神学，罪分为所犯下的罪和可赦免的罪。《圣经》明确地告诉我们，“罪的代价是死亡”。中世纪的教堂就因文害意，在每一项罪的上面贴上一个价格标签，然后向教众出售，成为广为人知的“赎罪券”。罗马教皇把赎罪券作为搜罗钱财的主要手段，在罗马建造了圣彼得大教堂。这种道德框架逻辑的现代环境变体是碳排放的罪。罪的代价变成了全球变暖。不过，我们不是在地狱里受煎熬，而是在地球上受煎熬。赎罪券的现代变体变成了碳排放交易权。富裕的国家、企业和个人只要有钱买碳排放权，就可以继续犯罪，继续排放二氧化碳。政府对于碳排放交易可能也很乐于接受，原因和中世纪的教皇出售赎罪券是一样的，两者都需要钱，而通过出售赎罪券和排放权则可以带来大量收入。同中世纪教皇敛财建造了圣彼得大教堂一样，美国总统奥巴马收了钱则可以填补其财政赤字。

机会主义源于为了获得这些排放权而付出的游说努力。事实上，经济学的寻租理论对此提供了深刻的见解，用于游说的资源，其价值可能攀升，直至等同于要获得的权利的价值。碳排放交易权的价值潜力很大，通行的最具代表性的估计是每吨碳排放权的价格在 40 美元左右，而碳排放的最大限度约为 180 亿吨。由此计算，碳排放交易权的价值每年就会是令人难以置信的 7 200 亿美元，从而成为一个年度不良资产恢复计划（Toxic Assets Recovery Program）。

由于自然资产和自然负累都没有天然的所有者，因此任何一个人都会使用任何听起来合理的理由来争取碳排放权。比如,有的国家会说,碳总量控制与配额交易制度实施的时候,它排放了多少碳,这应该是个基数,它以后还要排放这么多的碳。有的国家说,其他国家排放多少碳,它也应该排放多少碳;还有的国家说,它因为贫困,所以要排放碳;甚至还有的国家说,因为它过去没有排过一点碳,现在的全球变暖等问题与它无关,所以它要排放碳。

关于碳排放权的寻租,既可以在国内发生,也可以在国际发生。在国家层面上,美国国会已经明显地出现了这个问题。美国农业游说集团是台巨大的寻租机器,你会看到,国会对碳排放权的分配,使得这台寻租机器看起来就像是余兴表演。从国际层面上,骗局的涉及面可能会更大。希望继续排放碳的企业只需要购买一张纸,上面写着其他在另外一个地方的另外一个企业排放的碳比可以排放的配额少,有了这张纸,这个企业就可以继续排放碳。对于纸上面所说内容的真实性,这家拟排放碳的企业一点兴趣都没有。至于要进行碳减排的公司,根据现在施行的清洁发展机制(CDM),这家公司事实上并不是非得要减排,只是相对于它要排放多少的假设才不得不减排。它只需要令人信服地证明如果不减排,那它会排放很多的碳。CDM 机制采取的是一事一议,与整个减排规划没有关系,所以一个国家可以因为避免特定的碳排放而反复多次地得到补偿。同时,在实际执行中,这个国家可以无限制地增加全部碳排放。通过 CDM 机制出售赎罪券并没有对减少碳排放起到激励作用,反而是威胁作用,而且威胁要尽可能多地增加碳排放。

其实,清洁发展机制与无偿地授予渔民昂贵的捕鱼权一样,有着相同的缺点。前面说过,当鱼类资源丰富的时候,渔民任意捕捞,鱼的价值只是反映了捕鱼的成本。但是,在达到最大可持续捕捞量以后,鱼的价值就会增加,并由于稀缺性租金的出现而成为一种有价值的自然资产。我曾论述过,渔民不能自动地获得那些稀缺性租金,因为那些租金已经变为自然资产了。我们用同样的道理来分析燃煤发电厂排放的碳。当全球碳排放在安全水平线以下时,碳排放是没有成本的，任何人都可以自由经营发电厂。但是，当每个人都想开办发电厂的时候，碳排放就有成本了。解决碳排放成本的措施不能仿照没有碳排放成本时的做法。一旦碳排放引发了社会性成本，发电厂现在就必须承担那些成本，而不能以过去排放没有支付资金或者过去排放没有造成什么影响为借口。同样，新建发电厂也不能因为在碳排放成为社会性成本之前其他发电厂都是免费排放碳而主张自己拥有排放碳的权利。如果通过威胁排放碳就可以因不排放碳而获得补偿，全球的补偿经费就会无限制地增加。

道德化和机会主义将碳排放问题变得更为混乱，疯狂地避免承担责任同时最大限度地追逐权利，使得对这一问题的争论白热化。这种争论背离了应该如何管理自然负累这一更为根本的问题，要忘掉谁对谁做了什么，或者谁应该为现在的碳累积负责并受到谴责，或者是谁应该补偿谁。恰恰相反，既然现在我们发现碳是一种自然负累了，就应该集中考虑这意味着什么。

从本质上来说，把碳称为一种负累暗示着造成这种负累的活动产生了有害的东西。不过，这些活动也会带来有用的东西，而且通常还比其排放的碳所造成的危害具有更大的价值。这只是通常的情况，但并不总是如此。就以煤炭开采为例吧。在燃料王国里，相对于其他燃料的价值，煤炭的开采成本很高。这就是为什么采煤区在很多发达国家处于困境的原因。开采煤炭的利润不足以支付较高的人员工资。煤炭不仅没有那么高的价值，而且还排放碳，具体排放多少要看煤炭的种类，有些煤炭比另一些要好一点。我们意识到全球变暖之前，煤炭在低工资国家是有开采价值的。现在，煤炭燃烧不仅产生热，还排放碳。因此，那些煤炭现在应该留在地底下，而不应开采，所以从社会性上看，煤炭已经毫无价值了。这种情况也许在新的碳捕捉技术研发以后会得到改变，但是，这种技术本身的造价可能会很高。

低碳世界是什么样子的？

世界的行为方式应该是碳排放不能超过安全水平。那么，这样的世界是什么样子的？经济学提供了一些有用的看法，至少是告诉了我们有效治理世界经济的原则。有效率这个词的含义往往可以通过其反义词无效率得到最好的理解。比如，如果一项活动被允许排放碳，但产生的价值很小，而另一项活动可以产生很高的价值，但是一点碳都不允许排放，那么这就是无效率的。我们再举一个无效率的例子。如果一项活动，比如说是化工厂搬迁到乡下，虽然那儿的工作效率不高，但是碳排放的管理很宽松。我们有非常充分的理由来说明我们为什么如此看重有效率，因为全球变暖全是坏消息。应对全球变暖成本很高，不应对的话，成本将更高。所以，我们应该以最有效的方式来应对它。无须多言，所有无效率的反应都比有效率的反应成本高，也很容易变得造价极高。

在经济学上，价格很重要，因为价格反映着价值。就多数商品而言，市场价格确实就是商品社会价值的体现，包含着商品制造的成本和消费者赋予它的附加值。经济学家对市场热爱有加，因为就多数情况而言，市场是迄今为止最好的机制，可以尽可能多地释放商品的社会价值。不过，经济学家也认识到，有些产品产生的社会成本或社会效益并没有体现在市场里的价格上。目前，碳就是这样一种产品。你可以排放碳而不付任何费用，但是这样对于其他人则产生了成本。从市场价格的概念扩展开来，经济学家提出了这样的理论：在社会价值偏离市场价格的地方，我们可以推算一个理论价格或“影子”价格，以此来反映真正的成本。考虑到碳的社会有害性，我们就认识到，碳的市场价格定低了。人们应该为排放碳支付更多的费用。

现在看看这一理论的深刻见解：只有在碳的影子价格对世界上任何地方任何人都一样的时候，全球才能对碳排放问题作出有效率的反应。这就是前面提到的40美元的缘由。经济学家估计，人们在安全限值下排放碳的影子价格是每吨40美元左右。对于这个推测，可能会有一定的失误，而且误差也许会很大。因为，我们不知道排放多少碳是安全的，我们也不知道面对碳排放价格，人们的反应是什么。但是现在，我们还是认可这一推测吧。

我们再回到那个问题上来，如果每个人都处于每排放一吨碳付 40 美元的境地，世界将会是什么样子？多数活动不会受到影响，因为相对于这些活动产生的价值，它们排放的碳非常非常少。比如，在现代经济中起主导作用的服务行业，多数活动基本上没有什么差别。多数轻工业也是这种情况，因为相对于产出，这些产业使用的含碳能源很少。

重工业、农业和能源生产等领域则不同。有些重工业排放巨量的碳，除非是改变技术，否则其成本将会大幅度攀升。随着成本的提高，消费者就会作出反应，转变消费模式，不再使用那些产品。农业看起来是很“自然”的产业，但其实是碳密集的产业，不仅仅是奶牛放屁那样简单。比如，作物秸秆在地里燃烧后，会排放碳；耕地被翻耕后，也会释放碳。农业需要对此作出改变。

当然，能源生产是碳排放最多的活动。不过，这方面的差异也非常大。排放碳最多的是煤炭。事实上，煤炭的影子价格就是现在的市场价减去碳排放的成本。在很多情况下，煤炭是没有开采价值的，矿山需要关闭。煤炭开采的持续扩大就是一个社会性掠夺的例子，与对非洲自然资产的掠夺毫无二致，都是以牺牲其他人的利益而获得个人收益。开采煤矿是很艰苦的活动。我自己的姓氏就说明了这一切，绝不是什么巧合。我的祖先都是矿工（collier），也就是科利尔。那些冒着生命危险采煤的矿工竟然不经意间成为社会的掠夺者，这是多么残酷的自然现象，但这是现实。世界必须削减碳排放，煤炭的开采和使用是我们星球上产生碳最多的活动。

在碳排放这个连续轴上，与煤炭相对的是核电，因为核电是完全不排放碳的，核电也将浪漫环保主义者和实用环保主义者彻底区分开来。有时候，浪漫环保主义者对于全球变暖表现出执拗的快乐，因为那意味着资本主义工业化所遭受的报应。不过，拯救这一切的是核电，这个消息让他们愤恨至极，超过了他们对工业资本主义最为痛恨的东西。核电由于科技含量高，规模宏大，已经远远不是“自然的一部分”了。浪漫环保主义者青睐的是风能、潮汐能和太阳能，而所有这些对于普通公民来说都是浅显易懂的。但是，遗憾的是，风能、潮汐能、太阳能没有核能那样有效。截至目前，碳效率最好的经济是法国。1974 年石油危机以后，法国决定通过投资核电来获得能源安全。法国之所以能够做到这一点，是因为在法国，政治左派是民族主义者，他们非常支持从依赖进口石油的状态中独立出来。而在其他国家，政治左派对核能所持的态度是敌意的。风能、海浪能和太阳能可能最终会是有效的（假如有足够的研发经费），但是就当下而言，例如斯图尔特·布兰德（Stewart Brand，环境运动的先驱之一）这些实用主义者，已经接受了这样的观点：核能是控制全球变暖战役的基本组成部分。他们的观点与本书的精神是一致的，都认为对自然资产和自然负累进行管理的决策太重要了，不能由浪漫主义者来引导。

面临 40 美元/吨碳的影子价格，全世界会逐渐地对全球变暖进行有效率的应对。在不断调整变化的世界中，采煤将大幅度地萎缩，一些重工业也会大量减少，农业将进行调整适应。那么，普通的消费者呢？总体来说，我们的能源消费可能不需要有那么多的变化。比如，在法国，电力供应主要来自核能，要比英国便宜，因为英国的电力主要来自天然气和石油。所以，在碳和谐的世界，我们并不需要关掉所有的灯。但是，有些能源的来源需要改变。

最大的改变可能是汽车的燃料。毕竟，石油含有液态的碳。我们的世界不能简单地去除掉 10 亿辆或更多以石油为动力的车。幸运的是，我们有备选方案，我们可以用非碳能源充电，也可用乙醇充电。这个问题只是个技术问题。最近，我应邀到布鲁塞尔（Brussels）做报告。让我多少感到意外的是，会议地点是在汽车博物馆，我漫步在过去技术的辉煌历史中，突然意识到过去一个世纪的技术进步是那么了不起。我自己的车就是个基本款，但是在 50 年前，如果在汽车展览会上展出，那也是会引起轰动的技术进步。汽车工业能够从碳基燃料中进化出来吗？当然能。引导技术选择的，是激励政策问题。在激励措施缺失的情况下，汽车制造商无意间成为掠夺机器的一部分，他们为了生存而出售产品，那些产品之所以能够卖出去，是因为汽车产品造成的社会成本并不由消费者来承担。欧洲已经制定了激励政策，引导消费者减少碳基燃料的使用。所以，相对来说，减少碳生活的调整应该是不痛苦的。新技术可能不会比现在的燃油价格高多少。目前，美国人已经习惯了为没有反映社会成本的汽油买单。对美国消费者来说，这不是什么好事，不过，为能源支付社会性成本并没有减低生活的质量。

一些工业的调整幅度比其他工业大，一些消费者的调整幅度大于其他消费者，一些国家的调整幅度大于其他国家。到底是哪些工业、哪些消费者需要作出调整，调整的幅度要多大，取决于其最有效率的反应，然后再将这些反应统一到拥有这些工业和消费者的国家战略之中。遗憾的是，关于全球变暖的国际政治磋商却是本末倒置。规模最大的国际气候会议是东京大会和哥本哈根大会，各国政府在会上聚讼不休的是谁应该给谁付多少钱。而实际上，我们应该从应急响应的基本原则出发，在此基础上进行磋商和讨论。这个应急响应是对碳的世界影子价格达成普遍共识。

工业转移后的碳排放变化

对于一致同意的碳影子价格进行应急响应，并不意味着世界上每个人都排放同样数量的碳。经济规模发展的一个关键前提是要有利于产业聚集。不同的产业之所以会在不同的区域汇聚，就是因为聚集在各地的效率是不同的。产业发展最适宜的地方可能是交通运输成本最小的地方，因为产业需要平衡输入原材料和将产品运往市场的成本。不同的产业在碳排放方面差别很大。因此，对于某些排放碳的工业集群来说，在一些国家可能是最有效率的，那里最适于这些产业的发展，而其他的国家则应该发展低碳产业。这样做从政治上看可能是不恰当、不合适的，但是从经济上看却是很重要的。全世界对于全球变暖的应急响应，并不是要求每个国家人均排放同样多的碳。不过，一个企业不论是在哪儿发展，单位产量都要排放同等数量的碳。

目前，碳排放量大的产业，多数集聚在发达国家，但是产业是会转移的。有效应对全球变暖的原则告诉我们，没有哪个企业会仅仅因为碳排放就愿意转移到其他地方。尽管如此，还有很多其他实实在在的原因，导致了产业的转移。最近几十年，亚洲新兴经济体的产业发展要比高收入国家的产业发展快很多，因此两者之间的产业比例一直在发生变化。但是从现在起，这些变化不仅是产业比例上的，而且是绝对值上的。

联合国工业发展组织（United Nations Industrial Development Organization）请我组建一个团队，研究撰写工业发展报告。分析数据的时候，有一个非常简单的发现让我极为震惊。高收入国家的工业产值逐渐下滑，每十年就有减少。而在发展中国家，特别是在亚洲，工业产值逐年增长。仅仅简单地将这些此消彼长的发展趋势综合起来进行推测，我们就得到这样的结论：2008年很可能是高收入国家工业产值最高的年份，2008年以后，其工业产值将绝对开始下降。我们发布这份报告的时间是2009年3月，这个时候，由于全球经济危机，高收入国家的工业产值已经出现了严重的下滑。但是评论家或观察家没有看到工业从发达国家向发展中国家转移的大背景。我们预测，高收入国家工业产值的下降不会是短期的。全球工业发展复苏以后，很多新增加的产值将来自发展中国家。我们已经进入了发达国家工业产值绝对减少的阶段。未来几十年将会对工业产值长期的、迅猛的萎缩作出回应。除了那些工艺设计最为复杂的产业，其他产业将主要汇聚到中等收入国家，而轻工业将集中在低收入国家。由此造成的结果是：碳排放将自动地转到发展中国家。高收入国家将发现，自己集中发展的是服务业，而这个产业的碳排放量是很低的。

共同的危害需要共同的课税来治理

那么，我们的世界怎样才能找到应对全球变暖最有效的解决方案呢？国际上的碳总量控制与交易制度已经确定了达成共识的碳价格，这一成果，或相似的措施，对于有效应对全球变暖的确是非常必要的。不过，国际上的碳总量控制与交易制度并不是达成碳价格共识的唯一途径。事实上,从政治的角度看,实施统一的全球碳价格可能极其困难。最为简单直接的办法是:每个国家以同样的价格,比如每吨碳 40 美元,征收碳税。后面,我们再来讨论谁最终应该为全球变暖买单的问题。现在我想谈谈我们如何进行应急响应的问题。如果每个国家都征收 40 美元/吨的碳税,那么全世界的产业和消费者都会围绕这个价格进行合作。没有哪个国家会为了逃避碳排放的社会成本而鼓励企业向外迁移。如果多数消费者在碳排放方面都能严以律己,其他消费者就不会肆意妄为。

比起实施碳价,一些经济学家更倾向于监管碳排放的数量。尼古拉斯·斯特恩就持这样的观点,他在气候变化方面的研究成果产生了极大的正面影响。他的观点基于一个深奥的理论。这个理论虽然在具体内容上很复杂,但核心要义却很简单,就是区分数量控制和价格控制。有的时候,我们知道碳排放的社会成本,但是不知道在这个成本下会排放多少碳。有的时候,我们知道对社会负责任的碳排放的数量,但是不知道排放这些碳需要多大的成本。如果知道社会成本是多少,我们就会确定一个价格,在碳排放这个问题上,我们要确定一个碳税。如果知道碳排放的社会数量,我们就会进行监管,实施碳排放许可证制度,然后由市场决定这些许可证的价格。

不过,最适合这个理论的是那些一次性的情况。滚石乐队举办了一个告别演出音乐会,可以出售的演出票就那么几千张,没有人知道市场需求到底是多少。最有效的解决方案是对演出票进行拍卖,而不是事先确定演出票的价格。至于碳排放,我们知道,必须大幅度削减,但除此以外,我们就茫然一片了,除非技术进步和行为改变。相关的碳排放的数量问题更是遥不可及。如果每吨 40 美元的价格有点高,那么可以降低,反之亦然。既然调整不可避免,也是一个渐近的过程,那么调整碳排放价格和调整碳排放数量的影响是一样的。

从政治上看,实施已达成普遍共识的碳影子价格有点不太现实,在对此进行讨论之前,我们应该认识到,与在碳排放数量方面达成一致相比,给碳排放设定一个价格有着巨大的政治优势。如果全球就碳排放量达成协议,首先需要在谁排放多少量方面形成共识。这是实施国家碳总量控制和交易制度的基础,每个国家都应该有碳排放的权利,而且可以转卖给其他国家。由于自然责任没有天然的所有者,所以我们没有可遵循的基本原则。相比之下,同意实施碳的影子价格并不要求一定成为自然责任的承担者。不过,无效率和不公平往往是一致的。如果一个国家的化工产业比另一个国家同样的化工产业支付的碳排放价格低,那么就是无效率的,同样也是不公平的,因为在碳排放价格高的国家,其化工产业的工人竞争不过其他国家的工人,从而会失去自己的工作。受惠的工人会因为掠夺而有自责的感觉,他们是在损人而自肥,积累的自然责任是由其他人买单的。

假设每个国家都同意实行40美元/吨碳的影子价格,那么在国家层面上,这意味着什么?一种可能是每个政府都直接开征40美元/吨的碳税。这是最为简明直接的办法,并不是从总体上想加重税负。政府没有理由通过征收碳税而增加整个财政收入,倒是有理由用碳税来替代其他税种。碳对社会是有坏处的,工作对社会是有好处的,很显然,对碳进行征税要比对工作进行征税好得多。所以,征收碳税以后,可以相应地减少收入税,或取消其他特别令人讨厌的税种。不过,同意40美元/吨碳的影子价格并不必然要实施碳税。可以采取每个社会所喜欢的任何方式来达到让企业和消费者遵从碳排放规定的目标。在有些情况下,直接进行行政管理要比课税容易得多。的确,同一个经济活动,在一些国家采用碳税的方式较为适合,而在另外一些国家,采取行政管理的方式更为适合,只要两种方式的结果是一样的,哪种方式都行。评估这两种方式的结果是否一样极为简单,因为每个国家的产业单位产量都排放相同数量的碳。只要能接受这一原则,每个国家都可以安全地使用税收和行政管理等多个手段。比如,在一国之内实行碳总量控制和交易机制进行碳排放交易要比在不同国家之间实行这一机制容易得多,因为不同的国家已经建立了自己的政治构架,将碳排放权分配给了自己的公民。或者是,政府就直接进行行政管理。比如,加州州政府率先垂范,通过行政管理引导企业生产碳排放量少的汽车。这些行政管理很有效,因为给企业提出了明确的目标。在欧洲,往往是采用税收、碳总量和交易、行政管理等多种措施,比如,现在要求照明灯泡必须是节能型的。

共同税的地理政治

我们已经知道了应急响应这个概念,现在让我们来看一看为达到这一目标而涉及的国际政治。谁是好人,谁是坏人,可能会让你大吃一惊。

这项工作所需要的是全球合作,我们知道,达到这个目标是多么困难。关键的问题是所谓的“搭便车”问题。我们能否摆脱全球变暖带来的烦恼,不是取决于一个人,而是取决于每一个人。由于我减排与否的决定并不能影响你减排的决定,所以对我来说,合理的办法就是:啥都不做,一点都不减排,我只是希望其他人都减少他们的碳排放。如果他们都减排,那么不管我做什么,都是安全的;如果他们都不减排,那么不管我做什么,都会烦恼焦虑。不论是哪种方式,我最好都避免自己碳减排的成本支出。

对于搭便车问题,政府是关键的解决办法。在一个国家内,政府可以通过税收和行政管理强制实行某项措施。但是,碳排放是个全球问题,所以在政府间的磋商中,就自然而然地出现搭便车问题。在世界 194 个国家中,搭便车的空间相当大。不论几内亚比绍是否同意减少碳排放,对于全球碳排放都没有什么影响,对于其他国家是否同意减少碳排放,也没有什么影响。

不过,并不是所有的国家都把自己看作是搭便车者。我们先看两个真正的大国,美国和中国,这两个国家有时被称作 G2。这两个国家都知道,如果自己不同意碳减排,全球碳减排就不会达成共识。令世界其他国家感到幸运的是,美国和中国都对避免全球变暖有浓厚的兴趣。如果地球温度上升,佛罗里达就将沉入海浪之下,喜马拉雅山的冰雪也会融化。如果佛罗里达被海水淹没,沿海的资产就会不保,其富裕的居民就会给政府施加极大的压力。2000年的美国总统选举，其结果就是佛罗里达一些选票决定的，当时的两位总统候选人，一位把应对全球变暖作为头等大事，一位根本不把它当作一回事。我敢说，2050年以前，如果哪个总统候选人说全球变暖不是个问题，一定会失掉佛罗里达州的选票。如果喜马拉雅山的冰雪融化，对中国的政治影响同样也是爆炸性的。因此，中美两国政府都有兴趣在碳减排方面进行国际合作。我们现在知道，小布什总统虽然在公开场合依然不屑谈气候变化，但是在第二个任期的后期，他与中国进行了秘密的气候磋商。对此，我一点也不奇怪，因为政府必须面对现实。在哥本哈根气候大会上，中美两国明确表达了同样的合作意愿，只是让欧洲大为不爽，因为大会最后的成果文件是由中美两国敲定的。

所以，美国和中国不可能成为阻碍碳减排的国家。不仅不会，两国还会直面问题，积极推动其他国家不要在碳减排方面搭便车。欧洲也不可能成为问题。截至目前，欧洲在碳减排方面一直走在世界的前列，以后也不会落在中国和美国的后面。而且，很多气候变化议程中的问题都可以在欧盟这个层面得到解决，而不用其27个成员国自身解决。总体来说，欧盟其实是个非常大的经济体，真是太大了，所以不会有搭便车的嫌疑。同样，日本也是个很大的经济体，循规蹈矩，在碳减排方面是个负责任的国家，长期以来在全球有着良好的声誉。

现在，我们看到已经有四个国家或经济体，美国、中国、欧盟和日本，都是负责任的，都有着碳减排的动力。因为考虑到规模巨大，我还想把印度加进这个负责任的国家行列中来。印度就是因为太大了，所以不会搭便车的。目前，印度政府有点勉强，不大愿意承担起与其国土面积、经济大小相应的责任，但是，在全球碳减排方面，印度会发挥其应有的作用，履行其相应的责任。除了这五个国家和经济体(G5)以外，在任何情况下，碳减排都很困难，因为世界上其他任何一个国家都有理由和可能采取搭便车的战略。如果那些国家都这么干，那结果就太恐怖了。更为严重的是，这些国家不仅有搭便车的动力，还会积极地削弱其他国家的努力。就像避税港一样，这些国家哪一个都可能成为避碳港，成为碳排放不受限制的地方。如果发生这种情况，碳排放产业就会转移到这些地区。即便是 G5 减少碳排放，全球碳减排的目标将依然不能实现。如果出现这种局面，即便是 G5，减少碳排放的政治意愿也可能很容易就灰飞烟灭。由于全球 163 个国家的任性掠夺，整个世界都会烦恼愤懑。

我刚才所描述的，是整个问题中最为薄弱的一环，任何解决方案只有在最不配合的国家采取行动以后，才会有效果。因此，对于 G5 来说，需要提供一些包括萝卜加大棒的综合措施，解决 G163 的搭便车问题。各地并不一定需要同样的萝卜加大棒。当然，G163 喜欢萝卜，不喜欢大棒。但是，必须认识到，大棒有可能是更好的解决方案。如果采取萝卜的方案，遇到的问题是协商工作量和范围太大。G5 可能一开始要提出承担碳减排的全部费用。这将是最低的出价，有了这个出价，G163 才会有不搭便车的动力。但是，G163 清楚地知道，它们合作带来的潜在利益远远大于此，这个利益就是全球变暖给 G5 造成的损失。换句话说，G163 可能有动力来利用这一情况。事实上，问题的全部不止于此。考虑到问题中最弱环节的价值，每个国家都有强大的动力成为最后那个认同协议的国家。在最弱环节这个问题上，最为执拗的国家可能会坚挺到最后，直到得到一个几乎等同于全球变暖成本的价码。如果只是给萝卜，很难达成任何协议。

与萝卜相比，大棒的作用可能更有效，大棒能引导更多的国家开展合作，因为一个国家搭便车的时间越长，受到的惩罚就越大。没有哪个国家愿意成为地球上唯一的不顺从的国家，独自承担这些大棒的惩罚。

对于 G5 来说，最容易劝说服从的国家是拥有最底层十亿人口的国家，因为劝说这些贫困国家顺从的成本不大，因为这些贫困国家主要是援助接受国。确实，在有些地方，通过威逼恐吓可以让拥有最底层十亿人口的国家表现得更好，不需要谆谆善诱。事实上，G5 可以根据一个国家是否采取了有效的低碳增长战略而调整援助对象。我说“低碳增长”，指的是一种增长模式，与 40 美元/吨的碳影子价格的作用是一致的。比如，产业要么是以这个税率给国家上交碳税，要么是遵守规定，采用和其他国家一样的碳排放标准。如果要争取拥有最底层十亿人口的国家同意这个做法，那么给其提供的援助需要更多些，不管是真给还是假给都要多些，否则，那些国家就不合作，而不合作可以得到更多的东西。而且，从援助的历史看，所谓的外来援助和恐吓都不是完全可信的。因此，如果由于可信度低而使得外来援助打一部分折扣，这是很有可能的，那么所谓的援助承诺还需要更多些。所以，给拥有最底层十亿人口的国家的援助，一是需要尽可能紧密地与低碳增长相联系，二是尽可能地多些。这一问题的难度在于，这样做不是再针对气候变化成立一个新的特别援助基金，而是要将低碳增长的政策与未来的全部援助项目整合起来，当然援助项目还要进一步加大力度。实际上，所有的经济活动都排放碳，所以往低碳增长的转型需要进行综合考虑。外来援助既需要使用得更为合理，也需要增加数量，这两方面在过去做得都不够。（现在，我暂时不讨论关于利用援助来强迫执行全球碳排放标准的伦理，而是谈谈其他有可能搭便车的国家。）

低收入国家不是搭便车问题的核心，它们排放的碳不多。这些国家即便是为全球工业提供避碳港，其商业气候的其他不足也可能会阻碍产业转移。对于碳减排来说，关键的国家是那些新兴市场经济体，它们排放了大量的碳。这些新兴市场经济国家不仅为全球企业逃避碳政策提供可靠的保护地，而且从外边得到的援助也不多。那么，对于这些国家，该使用什么样的大棒呢？

遗憾的是，唯一可信的大棒可能是贸易制裁。我说“遗憾”，是因为贸易制裁是政府都愿意使用的大棒，只不过容易给人造成这样的政治印象，其贸易制裁是有利于“我们”，而有害于外国人。随着时间的推移，国际社会不断总结，学会了如何约束贸易制裁措施的使用，建立了国际组织，强化对贸易制裁的管理。这就是世界贸易组织（WTO）所起的关键作用。世界贸易组织在 2008 年全球经济危机中显示了自己的价值。与 20 世纪 30 年代经济大萧条中政府的做法不同，这次危机中,为了抵御经济衰退,政府没有实施以邻为壑的贸易制裁政策。不过,美国国会最近还是发现,在不违反世界贸易组织规则的前提下,可以对那些不实施全球碳政策的国家进行贸易制裁。尽管在世界贸易组织规则下真正实施的惩罚性关税是很小的,但是如果我是中等收入国家的商务部部长,一想到 G5 以什么所谓合法的借口对我的国家实施贸易制裁,我的脊梁骨就感到阵阵发冷。一旦实施贸易制裁,对于一个小的中等收入国家的影响将是灾难性的,比如,会吓退外来投资。对于多数中等收入国家来说,贸易制裁的恐吓是一个有效的大棒。

实施援助和贸易制裁的萝卜和大棒政策,会涉及 G163 中的多数国家,但不是全部。涉及不到的国家是那些虽然穷但还没有穷到接受援助程度的国家,是那些只出口不受贸易制裁影响的初级商品的国家。实际上,这些国家就是能源出口国,比如俄罗斯和中东国家。这些国家在全球实施碳减排后将受到最大的损失,因为它们是碳出口国。40 美元/吨的社会成本使得它们的碳燃料储有量大为贬值。这些能源出口国是气候变化的最终受害者,可能是从伦理上来说最为合理的结果。我们知道,石油等自然资产没有天然的所有者。仅仅是因为某种社会约定(以及对政治权力现实的认可),地下面的自然资产就归属于生活在那片土地上的人所有。正好位于碳燃料矿藏上面的国家也就有幸享有了上天赋予的财富,现在那些自然资产不那么值钱了,其上面的国家也不应该有什么可抱怨的。

想一想 2060 年石油的价格可能是多少。根据霍特林法则,那个时候石油的价格将是个天文数字,因为会按照世界利率累积增长。但是,实际上那种情况不会发生。恰恰相反,碳减排需求催发的技术进步将会减少对石油的需求。核能、太阳能和生物燃料的投资已经降低了能源价格,碳基能源终将折价让位于清洁能源。碳基能源出口国可能无意于参加全球限制使用碳的行动,但是由于它们的经济主要依赖碳燃料的出口,所以对其他国家的碳减排行动也无可奈何。在全球对它们的出口商品减少需求以后,它们将只能成为受损者。面临国际需求的降低,它们将有强烈的欲望,让它们的经济多元化,发展其他的产业。随着发展其他产业的成功,它们也就越来越多地受到贸易的制裁,品尝大棒的滋味。正像它们利用所处的最弱环节来吸引外面的产业到本土发展从而谋利一样,贸易制裁的威胁将开始发挥作用。

受害者和无赖

我相信,我所勾勒的是全球变暖的真实地理政治画面。这与当前的全球话语形成鲜明的对照,当前话语已经导致了哥本哈根气候大会的失败。在当前盛行的话语体系中,美国和中国是两个主要的碳排放国,发展中国家是受害者,它们遭受了全球变暖最严重的影响,而它们却没有排放碳。

关于全球变暖的伦理话语源于其谴责属性,或者是往回追溯到中世纪基督教神学的教义中,源于罪恶。工业资本主义因为碳排放而污染了地球,是有罪的,所以现在必须为犯下的罪买单。这个道德故事对于发达国家那些憎恶工业资本主义的人来说,犹如如天籁之音,美妙无比。那些憎恶工业资本主义的人,包括持反对工业主义价值观的贵族,以查尔斯王子为代表,此外还包括持反对资本主义价值观的马克思主义者。处于拥有最底层十亿人口的国家边缘社会的一些人,期盼发展工业资本主义而不得其道,所以对这一思潮颇为感兴趣。他们似乎嗅到了某种机遇,将罪孽深重的殖民主义梦魇再度搅起,让人认识到,西方国家应该对他们的贫困负责任。全球变暖使殖民主义罪恶呈现出新的面孔,经济发展中出现了受害者。应对气候变化的措施受到这些伦理包袱的制约,而且很多都是有百害而无一益的。

分析这一错综复杂的问题,我们还可以进行另一项思想试验。假设科学家发现了我们生活在北半球的人活不到150岁的原因是木薯排放的离子腐蚀了北半球的空气,而这种木薯是非洲贫困的农民种植的。那么,我们能根据这一发现要求非洲农民给我们赔偿吗?答案显然是,不能。因为非洲农民并不知道这一点,所以也就没有责任。现在,我们把问题再往前推一步。一旦科学证实了这一点,那会发生什么？很明显，非洲农民应该停止种植木薯，但是谁来承担由此造成的损失呢？非洲人是否应该认识到种植他们所喜欢的木薯会要了我们的命并因而给我们天价赔偿，还是我们生活在北半球的人应该认识到为挽救我们的生命，他们要停止种植木薯，并因而给他们补偿？如果决定了谁应该为那些致命的木薯离子负责任，就将同样的原则用于全球变暖吧。阻碍解决气候变化问题的罪责和过错虽然是一种包袱，但不是问题本身所具有的，而是从其他人类活动中引发的。

再来看另一个思想试验。假设整个世界和西方一样同时实现了工业化，那么在人们以科学认知充分了解碳排放以前，碳排放就已经超过危险的水平了。我们可能依然要到新千年才能对气候变化有较为科学的了解，而那个时候就已经太晚了。在另一种情况下，如果全世界没有一个国家实现工业化，我们就不会有现在的气候变暖问题，但是同时，我们也不会实现经济和社会的繁荣。痛苦但合理的结论是，世界上只有一部分国家实现了工业化，这该值得庆幸，因为这给科学家时间来研究了解全球变暖，从而采取预防行动。只是，这种不公允的全球工业化发展模式的结果是：有些国家依然非常贫困。

帮助最底层的十亿人这个问题，我认为是非常紧迫的，因为他们急需帮助，因为他们不像我们这样幸运地得到发展的机遇。之所以帮助他们，并不是因为他们是我们贪婪地实现工业化的牺牲者。如果世界上的国家都不实现工业化，那就找不到繁荣的道路。如果世界上每个国家都实现了工业化，我们现在就会困扰不堪。正如情况发展所显示的，我们已经知道，只要我们都在低碳增长方面做些相对简单的调整和适应，那么实现全球的工业化和经济繁荣是完全有可能的。谁也不必为了过去的碳排放而感到自责和愧疚，谁也不必要感到自己是个受害者。但是，在帮助那些不幸运的人的时候，世界上幸运的人应该表现得大方些，大度些。

世界上最贫困的地区是受气候变化影响最严重的地区，全球变暖对那里的人无疑是雪上加霜，这应该成为世界其他地区的人帮助他们摆脱厄运的更有说服力的理由。即便是进行全球碳减排，气候变化也是不可避免的，因此，在适应气候变化方面，发达国家应该承担一些拥有最底层十亿人口的国家适应气候变化的成本。对于那些因为命运多舛而不断遭受劫难的穷人，我们应该给予补偿；对于他们未来碳减排中所发生的成本，我们应该承担，甚至是补偿得更多。否则，那个搭便车的问题就会让我们所有的人都永远不得安宁。尽管如此，我们给予大方援助的基础是同情和对自我利益的内省，而不是对自然责任的补偿。就目前改进的清洁发展机制来说，中国和其他新兴市场经济国家受益最大，可以通过威胁进行碳排放而获得 CDM 的补偿经费。但是，从伦理道德上看，那些拥有最底层十亿人口的国家相对而言更应该通过 CDM 得到补偿经费。

我们再做最后一项思想试验。假设碳排放产业最终都聚集到中等收入国家，而高收入国家发展的都是碳排放少的服务业。我都有点相信，再过几十年，这可能是全球经济活动最有效率的发展模式。那么，中等收入国家是否应该就排放碳的"权利"对高收入国家进行补偿？毫无疑问，这样的结果听起来很可笑，很荒诞，但是，如果锱铢必较，就是这个理。

全球变暖的核心问题不是因为过去碳排放的罪过谁该由谁补偿谁，而应该是这个世界尽可能有效地根据低碳发展的未来调整自己，也就是说，以最小的成本适应未来低碳发展的需要。谁补偿谁的问题与低碳发展完全无关，与所有的自然资产和自然责任一样，解决谁补偿谁的问题没有明确的指导性原则，很难指定谁有履行碳责任的义务。事实上，经济学上有一个著名的定理，是诺贝尔奖获得者罗纳德·科斯(Ronald Coase)提出来的，这个定理很通俗地讲清了这一问题。最有效的结果与权利如何分配完全无关。由于国际碳排放总量控制和交易制度创生了碳排放权利，因此如何在不同国家间对这些权利进行分配，会产生激烈的国际竞争。我提出的另一个建议是，不同国家应该就一套共同的税收加行政管理措施达成共识，从而将全球碳排放减少到安全水平，同时也不引发为逃避社会成本而将产业转移到其他国家的行为。

尽管国际碳排放总量控制和交易有长期的提案,世界上的每一个人都有同样的碳排放权利,但这样的提案很容易被利用。实际上,这些来自碳排放权利的收入将归属政府所有,而不是给公民个人。对于这样的碳排放权利分配模式,政府可以通过各种方式进行利用。破坏性最小的方法是夸大国家的人口数量。如果你觉得这不可思议,尼日利亚还真就发生了这种事。尼日利亚是联邦国家,发现石油的时候,政府同意根据人口数量将部分石油收入分配给各个州。于是,全国进行人口普查和统计,但是,这项工作具体由各州政府自己承担。等各州的统计人数加起来后,发现全国人口出现了爆炸式增长,原来各州政府都鼓励自己的人口调查人员进行造假夸大,增加人口数据。因此,如果碳排放权利要根据人口数量进行发放,我们很快就不再相信人口统计的结果,至少是某些国家的人口统计数据。

一个国家最具破坏性地利用碳排放权利的方法,是以本国经济为代价。如果一个国家的人民是赤贫的,那就几乎不排放碳。津巴布韦总统穆加贝(Mugabe)最近就展示了这一点,让人看到一个国家的经济是如何很快被摧毁的。津巴布韦政府代表本国人民获得了全球平均碳排放的权利,但是,津巴布韦现在几乎不排放碳,所以由于全球碳排放和津巴布韦少得可怜的碳排放之间的差额,津巴布韦就可以得到碳排放补贴,而这个碳排放补贴支票就进入了穆加贝总统的腰包。所以,事实上,政府因为制造贫困而获得了回报。

在控制碳排放方面,不论世界上哪个国家的企业和个人都应该享受相同的激励措施,或遵守同样的行政管理规定。我们只有接受了这个原则,才能讨论前面所说的自然资产所有权问题。最为合情合理的安排是:政府拥有自然资产的所有权,同时也代表本国公民控制碳排放。根据各国的经济鼓励政策,产业会在国家间转移,同时碳排放也会在国家间转移。所以,如果政府采用碳税作为促进低碳增长的工具,那么碳税的收入也会在国家间逐渐转移。这实际上与其他自然资产没有什么不同。随着新的矿藏发现,随着全球技术进步提升或降低某些产品的价值,一个国家的自然资产禀赋会发生变化。大自然的租金会发生转移,碳的租金也会发生转移。所以,更为合理的是,不要通过毕其功于一役的办法来确定自然资产或自然责任的国家权利。毕竟,减少碳排放对我们来说任重而道远。

走向未来

全球变暖确实在当代人和未来人之间提出了一个重要的分配问题。由于碳在大气中累积了数十年,因此这是一个长期的责任。就像对自然资产的掠夺一样,过量的碳排放也是对未来的掠夺,也就是说,今天的私人收益是以明天别人的更大损失为代价换来的。那么,我们如何来看待我们对未来的责任呢？在这里,我们又回到功利主义伦理观和环境主义伦理观的对立上,其中功利主义伦理观崇尚圣人般的蚂蚁行为,而环境主义伦理观则认为每个时代的人对自然资产都有监管的责任,不能侵犯未来人的权利。

根据功利主义者的计算方式,削弱未来人权利的唯一事情或借口是:他们比我们更加富裕。根据幸福最大化原则,同花费 1 美元,富人获得的幸福感要小于穷人,因此牺牲现在穷人的利益来帮助未来的富人,是效率低下的。除此以外,未来的人应该和今天生活的人一样,获得同样的待遇。因此,如果今天我们花费 1 万亿美元来减少碳排放能够为生活在 21 世纪的人避免 5 万亿美元的损失,那就是个好的决策,除非未来的人特别特别富裕,5 万亿美元带给他们的效用还不如 1 万亿美元带给我们的效用多。十之八九,未来的人要比我们富裕得多,所以根据功利主义计算模式,未来的繁荣是目前碳减排行动的主要阻碍。事实上,最近一些在功利主义框架下开展的气候变化研究认为,如果不采取行动,气候变化会十分严重,未来的人要比我们贫困得多。如果未来的人比我们更加贫困,功利主义者就会倾向于碳减排,从效用方面来说,将自然资产留给未来的人将变得更有价值。

这个问题如果从监管者的伦理看,会有什么不同吗？碳是一种可再生的自然负累,这与可再生的自然资产完全一样。我们有监管的权利，对于可再生资产，要在可持续的前提下开采。同时，我们也有责任控制碳的排放量，不让它对全球气候产生负面影响。不论对于何种自然资产，我们履行监管责任时不是要保留一个绝对的数量。从伦理上说，我们没有义务要保持气候恒定不变，但是，如果我们决定超过可持续的限度，排放更多的碳，那么我们就有义务对未来的人进行补偿，应该给未来的人留下一定的资产，其数量正好抵消我们施加给他们的多余的自然负累。如果不给予补偿，我们没有权利和理由掠夺未来的人。那么，就碳排放这个问题，完全的补偿意味着什么？负责任的监管意味着我们所作出的决定在未来的人看来，都应该是合情合理的，他们都会说："好，我们认为是很好的。"

为了了解监管伦理观有何不同，我们需要再回到另一个观点，那就是未来的人可能比我们富裕得多。从功利主义的计算模式来说，这将减弱我们对未来的责任。但是，未来人的富裕还可能产生另外的后果，那就是他们看待事情的角度与我们不同。我们的子孙后代可能有着丰富的人造资产，因此可能会比我们更加珍爱稀有的自然界。那么，他们就会给良好的气候赋予更高的价值。

我们不必等到未来，现在就可以在海地看到这种情况。海地是个酷热的山地岛国，收入极不均衡。收入差距正好契合人们居住的高度。穷人蜗居在山的下面，富人则生活在山的顶端，而中产阶级就住在山腰。

在一个酷热的世界，凉爽就变成一种奢侈。这会让我们得到一个遗憾的结论：如果我们的子孙后代的确比我们更加富裕，他们将比我们还看重气候，更加珍视适宜的天气。所以，如果我们决定不加克制地排放碳，不花钱去控制，那么我们从道义上就有责任补偿未来的人。由于给后代留下了酷热的气候，我们需要补偿我们的后代，我们可以通过给他们留下其他产品来补偿他们，除非是，我们要留下的产品，他们已经有了很多很多。如果不是这样，我们就该给子孙后代留下足够多的产品，直到他们最后说："我们认为是很好的。"

碳为什么与龙虾一样

事实上，碳排放的伦理有点像龙虾的伦理。龙虾是一种可再生资产，也是一种奢侈品。根据监管伦理观，我们有权享用在可持续捕获量以内的龙虾，而且不需要给未来人口进行补偿。不过，如果我们消费的龙虾超过可持续捕获量，就要支付极为高昂的价钱。因为多吃的这些龙虾，我们需要补偿我们的后代，而我们的后代，由于很富裕，将比我们更加看重龙虾，龙虾的价格比现在还要高。根据监管伦理观，未来的人越是富裕，我们越是需要控制我们的碳排放。

这与功利主义的计算结果恰恰相反。根据功利主义的计算，我们的子孙后代越是富裕，我们给他们留的东西应该越少。我想补充一点，即便是尼古拉斯・斯特恩这样资深的经济学家也欣然接受价值随着收入而变化的观点。他并没有独尊功利主义，也承认其他伦理观点同样是合情合理的。尽管如此，功利主义依然一统天下，经济学家关于控制碳排放成本与效益的争执几乎全部是按照功利主义计算的术语进行辩论的。

在我看来，监管伦理观最接近很多环保主义者的看法，这一观念非常清楚地告诉我们，不应该排放过量的碳，从而使得地球变暖。如果我们排放了过量的碳，就有义务给未来的人以补偿，根据我们应承担的碳责任，留给未来的人同等价值的人造资产。所谓同等价值，意思是未来的人不会因为我们所做的一切而感到怨恨。但是，由于未来的人可能会有丰富的人造资产，因此，这样的同等价值所要求的补偿可能超出我们的能力。

从履行伦理义务的角度看，减少碳排放对我们来说可能是最廉价的选择。功利主义伦理所得出的结论也是同样的，但是采取的路径不同。功利主义伦理要求我们都应该成为圣人般的蚂蚁，而且把未来的人和我们完全同等看待。功利主义经济学家认识到人们不可能是这样的，所以在失望之余，根本就不理会大众的意见，而是转而依靠政府。这样摒弃普通公民的意见既不合法，也不必要。尽管大多数人不是圣人般的蚂蚁,但他们也不是经济发展模型中所谓的贪婪的个体。他们认识到,他们对于大自然的权利和对于人造资产的权利不是完全一样的。公众的意见不一定就会导致资产的掠夺,反而会成为自然秩序的基础。但是,我们不能对公众意见太过轻信,因为仅有伦理道德是不够的,人们还必须了解自然界,如果出现了误解,事情就一塌糊涂,不可收拾了。

第四部分 被误解的自然

第10章

自然和饥饿

截至目前，本书一直希望普通公民的价值观是可以信赖的，大自然是可以托付给普通公民的。但是，我们的信心是以人们不遗余力地了解相关的科学和经济问题为前提的，而对此我的心里是没底的。在本书第二部分，我曾梳理了决策链。除非绝大多数普通民众认识到对关键的、重大决策作出正确选择的重要性，不然拥有最底层十亿人口的国家的自然资产将继续被掠夺。除非每个国家都有相当数量的公民认识到这一点，不然碳将作为一种自然负累会继续在大自然中累积。洞悉这一切的社会是可能存在的，但并不是必然存在的。我们与自然的关系可能会激发强烈的情感，普通民众有时会被误导，他们的信仰可能看起来是有益的，但最终却是破坏性的。

从2005年到2008年，国际基本粮食价格暴涨80%以上。在最贫困国家的贫民窟，穷人的孩子忍饥挨饿。如果粮食价格持续居高不下，就会影响这些孩子的生长。出现这种严峻的恶果是有根源的，它源于普通民众对自然的混乱认识或信仰，而这种认识或信仰在富裕国家越来越普遍。在本章，我将提出三种这样的错误认识，论述它们是如何使世界上最贫困国家的一些孩子处于饥饿状态的。

在最贫困国家，粮食价格上涨是重大的政治事件。对于这些国家的普通家庭来说，粮食就等于美国的能源，如果粮价飞涨，老百姓期待政府能有所作为。粮食危机期间，30 多个国家发生了暴乱。在海地，愤怒的百姓还把政府的大楼给扒了。粮食价格的上涨证明是暂时的，而全球经济危机是个有效的药方，当然也带来了灾难。经济危机尽管有效，但我们不能依赖它作为拯救措施。我们需要了解为什么会发生粮食价格上涨，怎样做才能防止其再度发生。

即便是按照多数国际反应的最低标准来衡量，应对粮食危机的紧急政策反应没有起到应有的作用。这些政策包括以邻为壑、强迫获得更多的农产品补贴以及倒退到浪漫主义之中。粮食出口国的政府会对粮食出口进行限制，从而使邻邦更加缺乏粮食，更加穷困。毫无疑问，这样做会产生更加混乱的结果，导致世界粮食价格进一步升高，同时减少主要粮食生产国的激励措施。一点也不奇怪的是，这让那些呼吁补贴农业的人士抓住了机会。法国农业部长米歇尔·巴尔耶(Michel Barnier)敦促欧洲委员会收回对共同农业政策的初步改革。浪漫主义者长期以来厌恶科技含量高的商业农业，他们现在把粮食危机视为商业农业失败的案例，他们提出回归小规模的有机农业。但是，重新回到以前过时的技术时代，是养不活未来 90 亿人口的。

由于穷人自己越来越不种植粮食了，廉价的粮食将变得越来越重要。随着人口的增长和南半球气候因全球变暖而日益恶化，南半球国家将必然实现城市化。未来人口将不会生活在古朴雅致的小农场里，而是生活在沿海特大型城市的贫民窟中。他们吃的粮食不会去自己种植，而是购买，而且是按照国际粮食价格购买。只有粮食生产极其丰富，他们才能买得起。生产可靠的廉价粮食的技术挑战是能够攻克的，但是政治上的反对将会十分激烈。

从政治上来说，养活世界上的人口，涉及三个困难的步骤。与浪漫主义者恰恰相反，我们需要更多的商业农业，而不是更少。土地没有得到很好利用的地区，可以借鉴效仿巴西的模式，发展大规模、高生产力的农场。比如，赞比亚有一半的土地——大约 15 万平方英里，都是可耕种的，但是没有种植任何作物。另外一个与浪漫主义者截然相反的观点是，我们需要更多的科学技术。面临需求的不断增加，欧洲以及非洲先后禁止发展转基因作物，减缓了生产力发展的步伐。美国需要放弃浪漫主义者的观点，因为生物燃料不能保证能源供应。在所谓能源自给自足的话语背后，实际上隐藏着对政府补贴的游说。我提出达成这样一个政治交易：双方各退一步，欧洲解除给他们自己带来损失的行为，即对转基因的限制；而美国废除同样给自己带来损失的行为，即对生物燃料的补贴。

粮食价格为什么会上涨？

一般来说，为了找到问题的解决方案，人们首先要寻求问题的原因，或者一根筋似的寻求问题的根本原因。不过，在问题的原因与合适的或者可行的解决方案之间，并不必须有一定的逻辑关联。粮食危机就是这样的。粮价骤然上涨的特别原因是亚洲经济的高速发展。亚洲人口占世界的一半，而且依旧很穷，所以挣的钱多数都用于粮食消费了。随着亚洲人收入的增加，对粮食的需求也相应增加了。亚洲人不仅要吃得饱，而且要吃得好，碳水化合物正在被蛋白质所替代。生产 1 公斤牛肉需要 6 公斤粮食，所以向蛋白质的转换扩大了对粮食的需求。需求的两个关键参数是收入弹性和价格弹性。按照拇指规则，粮食需求的收入弹性并不高，如果收入增长 1/5，对粮食的需求将增长 1/10 左右，并不会同时增加 1/5。相应地，粮食需求的价格弹性只有 1/10 左右，人们总是要吃东西的，谁也不能不吃饭。这就意味着如果粮食供应是固定的，为了抑制收入增长导致的 10%的需求增长，价格就需要翻番。这个例子表明，如果社会实际的生产总值没有变化而人均收入莫名提高，哪怕只是提高了一点点也会对通货膨胀造成巨大的影响，导致价格的飞涨。

亚洲人的收入虽然增长得很快，但不是突然的。2005 年到 2008 年的价格上涨受到供应紧张的影响，比如那个时期澳大利亚遭遇长时间的干旱。由于大气中碳浓度水平的提高增加了气候多变性，所以供应短缺和紧张的问题会变得更加普遍。在需求猛增的背景下，供应的波动将更加剧烈。

粮食价高谁受伤？

毫无疑问，所有穷人都会受到粮食价格升高所带来的严重影响。农场主和农民在很大程度上都是自给自足的，尽管他们也会买卖粮食，但他们进行贸易的农村市场通常情况下还没有融入到全球市场，所以全球价格的波动对他们的影响不大。不过，对穷人来说就不同了，他们融入全球市场的时候，可能会得到实惠，但是好事也是需要付出代价的。多数穷人在多数时候会得到好处，可是一旦遇到饥馑等灾荒，他们就会遭受重创，受到很大损失。世界粮食计划署（World Food Programme，WFP）的成立就是为饥荒严重的地区担当最后的粮食供应者角色，该机构的预算是固定的，因此在粮价飞涨的时候，其实际购买力就会减弱。说起来有点荒谬，世界上抵御地方性荒年的粮食保险计划，在遭遇全球粮食短缺时，却极没有抵御力。对农民来说，国际粮价高只有在丰年的时候才是好消息。

在粮价高企的形势下，城市里的穷人是毋庸置疑的受损者。在发展中国家，多数大城市都是港口，除非政府进行干预，那里的粮价和全球市场是一致的。城市穷人住在拥挤的贫民窟里，无法自己种植粮食，除了向市场购买别无他法。根据残酷的需求法则，穷人在食物上的花费占其收入的大部分，一般情况下是一半左右。与此相对应，高收入人群在食物上的花费仅占其收入的1/10左右。贫民窟中突然发生饥饿会激发暴乱，几百年来莫不如此，这是煽动暴乱的典型政治基础，粮食危机会诱发这种丑陋行为的复萌。

但是，我们还没有到达粮食链条的尽头。在城市贫民中，最容易受到粮食短缺影响的，是孩子。如果年幼的孩子两年多都处于营养不良状态，就会造成发育迟缓。我们现在知道发育迟缓不仅反映在身体上——发育迟缓的孩子比正常发育的孩子长得矮，而且他们的心智能力也受到损害。发育迟缓是不可逆的，将伴随终生。事实上，有些研究发现，发育迟缓还会影响下一代。尽管粮价高企的冲击已经过去，但是如果连续几年都发生这样的情况，就会造成明天的噩梦，而明天的噩梦将会持续影响很长时间。

全球粮食价格必须降下来，问题是如何才能降下来。对于粮食需求的增长，在没有周期性全球经济危机的情况下，人们的确是束手无策。解决方案必须是增加世界粮食供应。当然，几十年来，世界粮食供应一直在增长，增长速度甚至超过了人口增长的速度。但是，我们现在需要粮食增长进一步加快。全球粮食生产的增长必须比过去几十年还要快。粮食危机过去之后，必然会出现需求的反弹。这个时候要降低粮价，我们需要尽快大量地扩大粮食供应。但是，粮食危机的“根本原因”是需求增长更快，尽管急切需要短期内增加粮食供应，但是很快就会被持续增长的需求所赶超。因此，我们还需要一个中长时期来提高粮食生产增长的速度。

通过改进规章制度、鼓励体制改革和推动技术创新，我们的政策制定者有能力扩大粮食供应。但是，这些措施在当下都受到甚嚣尘上的浪漫主义三个巨兽的掣肘。所有这三个巨兽都必须认真面对并加以解决。

浪漫主义巨兽之一：农民情怀

第一个必须解决的巨兽是中产阶级对乡村农业的迷恋。美洲和欧洲的中产阶级几乎已经完全城市化，乡村的简朴生活日渐地在他们心中形成巨大的诱惑。不论在本体意义上，还是在比喻意义上，简朴的乡村生活都深受推崇，被誉为有机体验。查尔斯王子就是倡导这种生活的人士之一。从本体意义上来说，有机农业现在生产的是优质产品，是一种奢侈的品牌。事实上，查尔斯王子就有一个这样的品牌。从比喻意义上来说，乡村生活代表着对庞大、等级森严、没有人情味、压力巨大的组织机构的反拨，很多中产阶级人士现在都在这样的组织机构里工作。查尔斯王子以传统的建筑风格建设了一个示范村，村里的农民就像大熊猫一样，被保护起来。

令人悲哀的是，农民就像大熊猫一样，一点都不愿意在那样的环境下生活。一旦有机会，贫困国家小有薄产的农民就会在当地找个能挣工资的工作，他们的子女则涌向城市。这是因为，在收入水平低的情况下，农村的欢乐是不确定的，是孤独偏远、单调乏味的。那样的生活迫使数百万普通民众扮演起创业者的角色，而大多数人是不适合这一角色的。在经济成功的国家，大部分人总是选择进入工薪阶层，这样就可以把经营企业的酸甜苦辣和担惊受怕留给别人去承担，创新创业毕竟只是少数人的追求。勉为其难的农民的选择是正确的，他们的生产模式不适应现代农业的生产，没有达到应有的规模。科学技术在不断进步；投入在增大；消费者的饮食模式在快速变化，只有通过综合集成的市场连锁经营才能满足；政府监管标准已提高要求，正在实现将农产品追溯到生产源头的理想目标。所有这些现代发展指标都更适于大型的商业组织。当然，也可以采用**反证法**。如果让农业回归到具有浪漫主义色彩的耕种生存方式，这些现代发展指标就不会实现。因此，有机的自给自足远不是解决全球贫困的妙方，而是一种奢侈的生活方式。

在富裕国家，政府通过“食物里程”(food miles)的观念鼓励实现地方性的自给自足。这种概念的理想是最大限度地缩短食品生产者和消费者之间的距离。但是，实现食品运输的最小化并没有什么优势。事实上，从碳排放的角度看，不管是世界上什么地方，在气候最适宜的区域生产粮食、制造食品，然后进行运输，是更加合情合理的。蔬菜的集散会给人以碳肆意排放的印象，但是关键的碳排放都发生在种植之中，而不是运输之中。虽然食物里程项目没有减少碳排放，但是减少了最底层的十亿人的收入，因为出口花卉能够给农村创造来之不易的就业岗位。

自给自足的有机农业也不能生产出世界需要的粮食。对于烧钱的投资银行家来说，这样做可能是合适的，但是不能养活饥饿的家庭。大型的组织单位更适合开展创新、投资、建立市场链和管理，不过，多年来，开发机构的农业战略一直是鼓励小规模的农业生产。其实，从历史上看，农业规模化的趋势更加明显。比如，英国经济从18世纪开始腾飞，对此，广为人知的记述是：立法变革推动的圈地运动促进了大型农场的发展，进而极大地提高了农业生产效率。现代研究认为，所谓农业生产效率的提高，并没有推测的那么高，只有 10% 到 20%，但依然支持了农业生产效率提高的传统说法。所以说，忽视商业农业对于促进农村发展和扩大粮食供应的作用，毫无疑问就是意识形态方面的原因。

在小农经济中，会出现本地化的外部性，外部性带来的效应因为小农经济的规模小而被吸收利用，如果是在大型组织机构里，这些效应就会实现内在化。在欧洲的农业革命中，大型农场有创新，事实上，小型农场也有创新。今天，很多小规模的农场主，特别是那些衣食无忧和具有良好教育背景的农场主，对于创新的热情很高。尽管如此，农业创新对于当地条件是非常敏感的，特别是在非洲，那里的土壤很复杂，变化多样。创新者给当地带来利益，如果创新者不能完全获得自己创新所带来的利益，创新的速度就会很慢。对此，解决方案之一是建立一个密集的网络，包括公共财政支持的研究站，研究站的技术顾问可以直接给小型农场主提供咨询建议。不过，这种模式在非洲已经基本上不行了，因为农技站等公共科技推广机构越来越散掉了，不能发挥作用了。在 18 世纪的英国，小型农业的创新常常是由上层社会相互协作引导的，那些上流社会的贵族绅士彼此之间交流技术试验的结果和影响。但是，这样的技术进程远远谈不上必然会发生，欧洲大陆就没有出现这种模式，而商业性农业使得这种模式更容易出现。

随着时间的推移，非洲的农业越来越落后，从现在的趋势看，再过 25 年，非洲的粮食进口将翻番。事实上，在最近的粮价高企中，联合国粮农组织（FAO）担心非洲小型农场的粮食会减产，因为他们买不起价格越来越高的化肥。虽然通过农业补贴和税收优惠多少可以解决一些问题，但是大型的、商业性的农业就不会面临这个问题。如果粮食的价格比粮食种植的成本高，粮食产量就会扩大，不会萎缩。

实际上，成功的农业模式就在我们眼前。巴西的农业模式，也就是大规模、技术复杂的公司化农业已经展示了粮食是如何规模化生产的。仅举一例，粮食收获和下一茬粮食种植之间的时间，也就是土地整理的时间，已经减少到30分钟，这是非常令人惊奇的。巴西农业模式引发了人们的恐惧，因为这种农业模式的后果之一是摧毁了巴西雨林并造成了土著人口的迁徙。巴西有些地方确实存在那种情况，由于缺乏规章制度，商业主义不可避免地导致了那样的后果。但是，很多贫困国家并不如此，因为那里没有原始森林，只是土地没有很好地开发利用。有时候，巴西的农业模式也能给小型农业带来创新，比如通过"委托种植"或"合同农业"等模式，小型农场主给核心企业或龙头企业提供特定的农产品。从作物生产的细节看，这种方式比外出打工的效果还要好。

汉斯·宾斯万格尔（Hans Binswanger）是国际上非常知名的非洲农业专家，现在是瑞士圣加仑大学（University of St. Gallen）经济学荣休教授。2009年，FAO邀请我俩去罗马，就发展大型商业化农业还是小农经济这一问题进行辩论。我俩的认识是有共同点的，那就是：毫无疑问，非洲农业的未来必须走商业化的道路。我们两人的不同点在于：商业化的规模应该有多大。汉斯认为，非洲未来的家庭农场，当然比现在的规模要大，将会是最适宜的模式，而我认为，更大的农业组织和机构可能会更有效。

我俩都通过类比来阐述各自的观点。汉斯的类比是农场就像餐馆。虽然有大型的自助式的饭店，但是家庭经营的餐馆依然占主导地位，因为餐馆经营人员具有积极性，这弥补了不能大量购置和批发食材的不利一面。食客对此心知肚明，是用脚投票的。我的类比是：农场就像零售。非洲的农民就相当于非洲城市里任何一个街道角落里的小贩，你随处都可看到。沿街贩卖是无奈之下的经济活动，最终将被超市所消灭，因为超市有技术，有资金，有物流，这些都是街头小贩难以竞争的。

大型农场就是农业中的超市，经营规模变得更加重要，因为技术、资金和物流已经全部发生了变化。几十年来，非洲小农经济一直停滞不前，这使得家庭农业和商业化农业之间产生了巨大的鸿沟。随着农业种植越来越复杂，农业投入（比如化肥）也越来越大。通过即时生产系统，工业已经实现了投入的节约，缩短了生产的周期，而农业从本质上说在种植和收获之间有着很长的时间，所以与其他很多活动相比，农业现在需要更多的资金投入。物流越来越是个大问题，因为农业的生产不再主要是满足本地消费的需要。消费需求是全球性的。技术、资金和物流在规模经济中都很重要。

我和汉斯并没有解决我们之间的分歧，但是我认为我们之间的分歧并不是那么大。实际上，很多家庭农场是能够发展下去的，他们会采取商业化的行动，如果他们邻居的孩子都去了城市，他们会盘下邻居的资产。当然，这样的农场与具有浪漫主义情调的农家生活是截然不同的，因为小农之家的农业生产是为了生存，而不是为了市场，所采用的也都是未受现代科技影响的传统的、有机的技术。这样的家庭农场将会与更大的商业化农场共存，并与之进行竞争和合作。同生共存可以在某些领域进行竞争，但也可以开展合作。大农场可以收购附近小农场的初级产品，进行加工并推向市场，同时还给小农场提供资金支持。

世界上有些土地如果能被大公司适当地管理，就会大大提高生产效率，拥有这类土地的国家有很多。其实，大公司，其中有些就是巴西的公司，正排着队等着管理那些土地呢。不过，在过去的 40 年里，非洲国家却采取了相反的措施，大规模的商业化农业受到遏制。这个问题的核心是：政府不愿意实行土地权利的市场化，而不愿意市场化的根源可能是非洲城市缺乏经济活力。由于对投资中的投资的缺失，非洲城市不能够创造充足的体面就业岗位。所以，土地依然是最重要的资产，对于其他的投资就很少。作为一种自然资产，土地与其他通过投资而产生的资产不一样，它没有天然的所有者，是上帝的礼物，给予谁是通过某种政治行为而发生的。在更成功的经济中，土地已经变成了不重要的资产，所以土地权虽然最初是通过政治方式分配的，但是现在已成为其他资产权利的延伸，所以就可以通过商业化的形式来获取。城市缺少活力还会带来更深一层的影响，这就是在没有工作岗位的形势下，如果出现大规模的无地现象，就会引起政治上的恐慌。如果有土地，贫民可能会安分守己，不太容易造反。穆加贝总统就是因为有这样的担忧而拒绝在津巴布韦发展商业化农业。对于非法的殖民式土地掠夺，正确的应对措施是将土地国有化，然后再租出去，而不是摧毁和破坏商业化农业的生产力。穆加贝总统使得他的国家退回到生计农业的状态，从而将一个曾经富饶的国家变成了饿殍遍地的饥馑之乡，只有移民和粮食援助才能扭转这一现象。

那么，大型农业到底多大才叫大？全球粮食危机促使一些粮食缺乏的国家竞相争夺非洲的土地。导致政治恐慌的按钮不仅是全球粮食价格的暴涨，还有很多粮食出口国家突然实施的出口管制。那些粮食出口限制表明，养活自己国家的人民，国际市场是靠不住的。事实上，在最需要市场的时候，市场往往最容易被践踏。韩国与马达加斯加签署协议，希望租用一块巨大的土地，租期 99 年。消息泄露后，这个协议造成了政府的动荡，导致发生了一次成功的政变。还有一些其他类似的土地协议也在洽谈实施当中。比如，沙特阿拉伯正在埃塞俄比亚购买土地，阿联酋正在苏丹置办土地。联合国对这种行为是斥责的，把它比作新的殖民主义浪潮，但是情况也不总是这样。2009 年，非洲的一个国家利比亚从欧洲国家乌克兰购置了 10 万英亩的土地。

尽管我赞成发展商业性农业，但是这些新的土地交易并不是真正商业性的。那些交易背后的动机主要是想规避全球粮食市场，而不是参与国际市场。这些土地交易程序太不透明，规模太大，期限太长。由此造成的结果是：这些交易又把我们拉回到从前的缺陷之中，也就是将采矿权出售给某个单一的公司。如果土地要以大的商业单位进行耕作，这些大的地块应该进行拍卖，而且需要有相当数量的投标者。如果第一批投资者对于土地投资的回报感到极不踏实，这很可能发生，那么在第一次拍卖会上将只会成交几个地块。考虑到回报的不确定性，土地竞标的价格肯定会大打折扣。但是，随着第一批竞标者学会了如何最好地垦殖新土地，剩余土地的价值将会提升，以后也会以更高的价格出售。任何一个商业性农场都不应该允许它变得太大，成为整个地区的龙头老大,形成垄断。政府的一个重要职能是防止私企垄断所带来的权利滥用。截至目前,没有加入争夺非洲土地的最大粮食进口国家是日本。与其他国家不同的是,日本政府一直敦促 G20 国家恢复世界粮食市场的秩序,禁止达成那种规避国际市场的土地交易。引发土地争夺的临界点是禁止粮食出口。那正是应该进行规范管理的,做那项工作的合适机构是世界贸易组织。关于进口的一些行为,比如进口限令、数量限制等,现在都必须遵从 WTO 规则,这些规则同样应该延伸适用于商品出口。

即便能遏制住这样的土地争夺,全球农业综合企业依然太集中。如果最贫困国家突然转向没有管理约束的土地市场,那么可能会产生很坏的影响。但是,允许商业性组织逐渐地替代一些小型农业将会在相当一段时间内扩大全球粮食供应。

浪漫主义巨兽之二:转基因禁令

第二个浪漫主义巨兽是欧洲对科技型农业的恐惧,这份恐惧被农业游说集团所利用,已经演变成另一种形式的保护主义,这就是禁止发展转基因(GM)作物。转基因作物是 1996 年在全球进行推广的,现在已经占世界作物种植面积的 10%左右,大约有 3 亿英亩。但是,由于转基因禁令,欧洲或非洲基本上没有转基因作物。罗伯特·帕尔伯格(Robert Paarlberg)最近出版的著作《渴望科学》(*Starved for Science*)对转基因禁令中的政治给予了精彩的分析。1996 年,欧洲恰值运气不佳,出现了食品健康危机,发生了疯牛病(BSE)。导致疯牛病悲剧的原因是农业利益集团凌驾于英国公共卫生监管部门之上,农业利益集团和公共卫生监管部门甚至由同一个政府机构管理。政府官员和部长们一开始努力让消费者相信,英国牛肉是安全的。最为知名的是农业部长让他的小女儿在电视镜头前吃汉堡包。哪知道,小姑娘汉堡包还没吃完,农业部长被迫收回他的话,因为英国各地开始出现人口死亡案例,死亡状况惨不忍睹,难以想象,他们的脑子都溃烂了。(截至 2009 年 10 月,英国有 165 人死于克罗伊茨费尔特-雅各布病[Creutzfeldt-Jakob],这是疯牛病在人身上的变体,其他地方有 44 人死亡。)

在欧洲,支持保护主义的集团抓住这次机会,呼吁禁止进口英国牛肉。疯牛病与转基因粮食风马牛不相及,但是疯牛病却为禁令开创了先例。转基因食品的名字起得很不好,好像是一个等着要发生的汽车交通事故,被描述为科学怪食,是在消费者身上做科学试验。总而言之,转基因食品源自孟山都等美国公司的研究,可以预想,这激起了欧洲左派深深的敌意。因此,这就为欧洲保护主义和反美主义的联合并取得胜利奠定了政治基础,同时,食品安全意识不断提高的消费者不再信任政府的承诺,他们的执拗和想法进一步扩大了保护主义和反美主义的联合。

实施禁止令以后,尽管科学界要求解除禁令的呼声越来越强烈,但是欧洲保护主义和反美主义政治联合的基础依然不断扩大。最近给予禁令高度支持的人是查尔斯王子,他代表着一个重要的舆论维度,他的意见与科学、企业和政府的观点有着明显的不同。他通过自己的观点,表达了对科技型、商业化农业的强烈反对。当然,他的愿景是为我们这些深陷现代工业生活的人着想的。但是,看看那个模仿旧时农村社会生活方式而建造的贵族式农场,我的脑子里不禁涌出这样的画面,那就是绝代艳后玛丽·安东尼特(Marie Antoinette)在凡尔赛宫扮演一个挤牛奶的女工。这的确能安慰我们的心灵,但是填不饱我们的肚子。

转基因禁令在疯牛病一发生就实行了,这个禁令带来了三个不利的影响。最显而易见的是,它阻碍了生产力的发展。1996 年以前,也就是转基因禁令还没有实施的时候,欧洲的粮食产量直逼美国,但是从那以后,每年都比美国落后一到两个百分点。如果解除转基因禁令,欧洲的粮食产量可以增长 15%左右。欧洲是主要的粮食生产地,所以实施转基因禁令以后,就遭受了很大的损失。第二个不利的影响是,由于欧洲在转基因技术市场的缺席,转基因研究的步伐非常缓慢。科学研究实现成果转化,需要很长的时间,如果仅靠专利保护,是不能完全获得科技成果的核心利益的，不可能实现粮食价格长久性的降低。所以，就此而言，企业研发必须得到公共财政的支持和补充。欧洲政府应该资助转基因研究，因为此前的转基因研究完全依靠企业的自主研发。但是，企业的研发经费投入是要看未来产品的销售前景的。因此，欧洲的转基因禁令不仅阻碍了公共研发，而且还窒息了企业研发。

欧洲转基因禁令造成的最坏影响是：非洲国家的政府在看到这一禁令后非常恐慌，也实施了转基因禁令（唯一的例外是南非）。那些国家担心，如果不实施禁令，其产品将永远被禁锢在欧洲市场之外。因为非洲禁止转基因作物，所以转基因技术在那里就没有市场，非洲种植的作物也就没有转基因成果，当然也就没有什么转基因研究。这就引发了一种批评：转基因技术与非洲不相干。

对于这种对技术的自我封闭，非洲是难以承受其代价的。非洲需要各种各样的、方方面面的帮助，也需要转基因技术带来的利益。过去 40 年来，非洲农业的每英亩产量一直停滞不前，粮食增产依靠的是种植面积的扩大。但是，随着非洲人口的快速增长，这种发展模式逐渐难以为继。由于全球变暖，气候状况将出现恶化。根据气候预报，非洲大部分地区将变得更热，半干旱地区将变得更加干燥，降雨的不确定性将增加，可能会发生更多的干旱。的确，在非洲的南部地区，非洲的主粮玉米很有可能将变得无法种植。对于其他地区，气候变化的挑战主要是减少碳排放，而对于非洲来说，主要的挑战则是农业如何适应气候变化。

大家都说，非洲需要一个绿色革命。事实是，绿色革命是通过化学肥料推动的，即便是化肥便宜的时候，非洲也没有发生绿色革命。现在，由于能源价格升高，化肥的价格也不断攀高，在这种形势下，非洲发生的绿色革命，不管是什么样的，都不可能是化肥推动的。为了应对人口增长和气候恶化带来的影响，非洲需要一场生物革命。转基因技术恰恰可以提供这样一场革命，但前提是必须在研发上投入足够的经费。木薯和白薯等是非洲地区重要的农作物，但是截至目前，还没有取得任何转基因成果。转基因研究还处于第一代，也就是说，单基因转移，将一个作物中具有优势的某个基因识别出来，然后分离、移加到另一个作物上。不过，即便尚处于初级阶段，转基因技术依然可以为增加作物产量带来美好的前景。通过转基因技术，玉米可以更抗旱，为非洲应对气候恶化赢得时间。通过转基因技术，农作物可以更抗菌，从而减少农药的使用，降低粮食储存中的损失。比如，螟虫是损害粮食的害虫，啃噬储存中的粮食，能够造成玉米 15%到 40%的损失。有一个新的转基因玉米品种，是抗虫的。

与商业化一样，转基因也不会成为拯救非洲农业的灵丹妙药。根本就没有什么灵丹妙药。但是，如果没有什么解决办法，那么帮助非洲粮食生产与人口同步增长的任务将非常艰巨。非洲沿海城市所需的粮食可以通过全球供应得到解决，但是非洲巨大的内陆所面临的粮食短缺问题是不能通过这种方式解决的(除非是紧急状态)。非洲和欧洲如果都解除对转基因技术的禁令，从长期看将会促使全球粮食价格走低。最近，非洲国家的政府已经开始重新审视转基因禁令。布基纳法索(Burkina Faso)、马拉维共和国 (The Republic of Malawi)已经解除了转基因禁令，最近，肯尼亚也解除了转基因禁令。

浪漫主义巨兽之三：种植生产自己的燃料

最后一个浪漫主义巨兽是美国期望通过种植生产自己所需要的燃料，从而摆脱对阿拉伯石油的依赖。种植生产燃料有充分的理由，但是不应该从粮食中生产燃料，粮食在向乙醇转化的过程中，所使用的能量几乎与其产生的能量同样多。这个基本的事实并没有阻止粮食游说集团从政府那里获得巨大的、无效的补贴。美国的粮食大约1/3被转化成了能源，这种转化显示了市场对粮食价格的充分反应，也显示了利益游说集团对政府补贴的贪婪和追逐政府补贴的无耻能力。如果美国希望不使用石油，而是用农业燃料，那么巴西的甘蔗应该是解决办法。与粮食相比，甘蔗是更为有效的能源资源。但是，美国对此是实行保护主义的，其证据是美国政府限制进口巴西的乙醇，从而保护本国的生产。仅仅是出于这个自私的目的,美国政府将更多的纳税人的钱填补到农业的窟窿中,从而实现减少对阿拉伯石油的依赖这个目标。

将大量的粮食转化成乙醇,这对世界粮价产生了影响。这个影响到底有多大,仁者见仁,智者见智,人们对此有着激烈的争论。布什政府最初认为,它的影响只是使粮价上升了三个百分点。但是世界银行的研究认为,粮价上升的幅度要大得多。如果取消了对种植生产乙醇的补贴,那么可能马上就会对粮价产生影响,因为用于食品的粮食供应会增加。

变化的政治:交易和结盟

猎杀这三个浪漫主义巨兽的政策有三项,分别是允许扩大大型商业化农场、解除对转基因技术的禁令、取消对乙醇生产的补贴。不论是从经济上说,还说从政治上说,这些政策都要联袂实施。从经济上看,这些政策在增加粮食产量和强化生产联系方面都有着重要的意义。取消乙醇生产补贴可以带来短期的效应:扩大商业性农场规模将在今后几十年增加世界粮食产量,会将粮食产量提高几个百分点。这两项政策的实施将为转基因研究赢得必要的时间,从而挖掘转基因的潜力。转基因技术从最初的研究到大规模的成果应用,中间的时间是 15 年左右。非洲商业性农场的扩大将促进非洲农作物的转基因研究,所取得的创新成果将会有很好的市场前景,不容易受到政治因素的干预。南非是唯一没有实施转基因禁令的国家,这不是偶然的,因为其农业组织主要是商业性的。

从政治上看,这三项政策也是互补的。本土生产能源、禁止转基因食品和保护农民的生活方式,都是经典的民粹主义倡导的内容。这些东西听起来很诱人,但是真的会带来危害。所以,必须以同样有力的措施进行反击。

措施之一是国际互惠的范围。尽管美国沉湎于本土种植生产的燃料,但是他们仍然对欧洲的转基因禁令感到很愤怒,他们把这一禁令看作是地方保护主义，是反对美国的，与此相反，欧洲陶醉于禁止高技术农作物的虚幻中，但同时对于美国的乙醇补贴又深感不满。欧洲人对美国乙醇补贴的看法是，那是美国人自私的愿望，希望维持其对能源使用的肆意妄为，而美国的做派使得全世界陷入全球变暖的境地。半个世纪以来，美国和欧洲已经学会了如何进行合作。1947 年成立的关贸总协定（General Agreement on Tariffs and Trades）在以后的几十年里基本上消除了制造业产品的关税。北大西洋公约组织（NATO）是在安全方面不断强化的伙伴关系，经合组织（OECD）是在经济治理方面不断强化的伙伴关系（比如，取得的合作成果之一是，联合禁止为了赢得竞标而进行贿赂）。与在安全、贸易、经济等领域达成共识的挑战相比，就环境保护事宜寻求双方的谦让与合作，算不上什么难事。美国应该同意取消对乙醇的补贴，作为回报，欧洲应该解除对转基因的禁令。每一方都可能发现这样的共识既棘手，又很有诱惑力，因为每一方都要找到政治上可行的办法，得到国内立法机构的支持，说服立法机构，这样合作的结果要比商品配额制好。

解决对商业化和科技型农业的敌意将变得更加迫切，这需要环保主义者真正重视起来，并进行深刻的反思。对于最贫困的国家，很多人给予很大的关注。不管是美国还是欧洲，都有上百万生活无忧的人士深深震撼于全球饥饿的困境。每次媒体报道饥荒的消息，社会上的反应都十分强烈。对于贫困的关注和对于环境的关注，如果结合起来，将会成为一个强有力的力量，发挥长久的作用。人是自然资产的监管者，这一伦理为制定关于自然界的政策奠定了坚实的基础。

尽管如此，在开发利用自然实现经济发展方面，环保主义者和经济学家之间的联合还面临着艰难的抉择，这是难以回避的。我们如果只是退回到科技发展以及商业化以前的阶段，是不能够解决饥饿问题的。对于优先采取哪些措施，环保主义者需要认真斟酌，反复权衡。有些环保主义者可能认为，查尔斯王子所提出的愿景更为诱人，因为不管产生什么影响，那种生活方式是历史性的，必须予以保护。从个人角度，我也认为那个愿景有很大的吸引力。如果以后从教授职位上退休了，我所选择的可能就是那种生活方式。但是，面对面黄肌瘦、营养不良的孩子，我就不那么想了，我选择那种生活方式的愿望就消散了，因为对我来说，公共政策最为关键的是增加粮食供应。我相信，如果人们真正进行严肃的思考，很多人都会同意我的观点。商业化农业可能一点都不浪漫，一点都不能寄托人们的乡愁，但是如果它能让人们吃饱肚子，那就应该开发和利用。

美国环保主义者也需要进行深刻的反思。最钟情于通过乙醇而实现能源自给自足的人们都期望以此将美国从灾难性的能源政策中拯救出来。真相是残酷的，的确，美国需要降低对进口石油的依赖，但是解决问题的答案不是种植和生产生物燃料。在能源使用方面，美国太挥霍浪费了。欧洲人也有点挥霍无度，虽然人均能源使用只有美国的一半，但是依然保持着高收入的生活方式。美国的税收体系需要改变，从征收工薪收入税向鼓励减少能源消费转变。

好的政治家所具有的一个关键品质是引导公民摆脱那种如果不加以遏制就会阻碍实施应对粮食危机的民粹主义。对于生活在美国和欧洲的人来说，粮价高会给他们带来不便，但是还不严重，不足以迫使我们解决民粹主义赖以滋生的那三个巨兽问题。我们的政治领导人需要向社会宣传这个信息，形成新的联盟。如果他们不那样做，他们的孩子就会挨饿，他们的未来就会受到影响。摈弃我们的浪漫主义幻想，这是个艰巨而痛苦的任务，是回避不了的。

第五部分　自然的秩序

恢复自然的秩序

对于早期的人类来说，自然界中具有经济价值的东西不多。那个时候，大自然中有用的东西数量充足，所以社会的需求不大。现在，由于技术的进步，自然界中有更多的东西变得有用起来，但是，我们的大自然要满足 60 多亿人的需求。富足不再，稀缺常有，这不是因为自然界萎缩了，而是因为我们现在知道如何开发利用大自然了。这样造成的结果是：在有效规章缺失的情况下，就发生了自然资产的掠夺，掠夺的形式是多种多样的。

在我们认为是自然资产的东西中，有些已经得到了恰当的保护。比如，养殖场里的鱼，私人森林中的树，这些自然资产得到了很好的管理，其激励措施与社会利益是一致的。但是，在自然资产的保护网中，还有两个很大的漏洞，许多东西从这两个漏洞中流走了。一个漏洞是由于糟糕的政府治理所造成的，另一个漏洞则是由于好的政府治理鞭长莫及而造成的。换句话说，一个漏洞是地方性的，是由拥有最底层十亿人口的国家的特定政府及其对自然资产的糟糕管理造成的；另一个漏洞是全球性的，涉及国境线以外的自然资产的管理。

在拥有最底层十亿人口的国家的领土上，不可再生自然资产的开发很少是为了当地经济和社会的发展。由此造成的结果是，当地未来的人口所继承的，可能是一个自然资源耗尽的世界，那片土地上将不再有可以开发利用的自然资源。最底层的十亿人摆脱贫困的唯一机会就是利用自然资产，但是这个机会将会错过。因为，很多最贫困国家的政府得不到其国民充分的信任，不能够对其控制的自然资产进行很好的管理。

属于全球的可再生自然资产，比如公海里的鱼，很有可能被掠夺殆尽，而自然负担，比如碳排放，则不断地累积起来。公海里的鱼被吃了，碳被排放到大气中了，这一切主要是发达国家的人干的。在本书写作过程中，我脑子里自始至终都想着这个问题，那就是我们的后代将如何看我们，这一想法一直挥之不去。即便是好的政府，其职能也是管理自己的国境线之内的自然资产，国境线之外的自然资产和责任已经超越了其管理范围。那么，自然资产保护网的两个大洞，怎样才能填上呢？

如何管理最贫困国家的自然资产

我想首先谈谈拥有最底层十亿人口的国家中不负责任的政府治理问题，这个问题看起来非常棘手。在第二部分，我提出了决策链，其中的每一个决策都需要正确无误，这样低收入国家才能通过其自然资产实现繁荣富强。我还提出了一些案例，说明这个决策链经常会断裂，主要是因为自然资产掠夺的诱惑力太强大了，而且自然资产掠夺的机会也太多了。通过自然资产实现经济发展，必须解决决策链中最薄弱的环节。在长长的决策链中，如果有任何地方发生问题，也就是出现了掠夺自然资产的力量，那么整个依靠自然资产实现经济发展的过程就会失败。这些决策不仅要正确，还需要持之以恒地坚持实施。将开采利用自然资产所获得的投入进行投资，至少需要一代人的时间，才能带来社会的转型。对于那一整代人来说，社会上很容易发生资源掠夺的现象。

贫穷国家如何充分利用其自然资产的潜力？国际社会是没有权力管理这些贫穷国家的政府的。在管理自然资产方面，不论这些政府有多糟糕，国际社会都不能强迫它们做它们不想做的事。安哥拉政府并不需要我们的钱，它从自己的石油和金刚石资源那里获得了足够的资金。对于这样的国家来说，能否公正有效地抓住发展的机遇，唯一的办法是促进足够多的民众提高认识，形成可以左右舆论的强大力量。在这样的情况下，迫于社会的压力，整个决策链上的每一个决策都能够得到正确的实施。为了获得好的效果，这样的社会压力并不需要通过选举的渠道进行传导。政府部长和高级官员来自于社会，他们很可能尊重这个社会所持的观点和态度。不过，底线是那个社会首先需要了解自然资产能够带来的发展机遇，还需要了解在抓住机遇实现发展中每个决策所起到的作用。如果一个社会把每一项决策都看作潜在的、薄弱的决策链条，清晰无误地看到每一项决策所带来的巨大利益，那么就会遏制个人掠夺资源的欲望。

虽然国际社会不能让资源丰富的国家干什么，但是可以较为容易地推动那个国家的公民提高认识，形成具有远见卓识、人数众多的公民群体，首先要做的就是让公众了解自然开发可以带来的潜在收入。有个小规模的 NGO，叫全球见证组织(Global Witness)，发起了一项活动“公开你支付了多少钱”，在资源收入报告方面率先探索实施自愿的国际标准。这项活动现在已经演变发展成一个国际组织“矿产开采业透明行动”(EITI)。这个国际组织在经营管理中得到很多国家、企业、机构的支持，制定了可自愿实施的标准，供各国政府采用。尽管 EITI 成立时间不长，但已有 30 多个国家的政府加入了该组织。这个组织之所以取得成功，是因为民间团体和政治领导人之间达成了世界范围内的联合，但是这项工作的重点还是依靠民间团体。根据文件记录，英国前首相托尼·布莱尔(Tony Blair)在约翰内斯堡(Johannesburg)的早餐会上宣布成立了 EITI。实际上，布莱尔根本没有宣布这个事。他担心 EITI 成立这个事可能吸引力不够，得不到足够的支持，所以就利用早餐会的机会说了点别的。关于布莱尔讲话的变化，负责这项活动的政府官员忘了通知新闻媒体，于是，EITI 就这样宣布成立了。阴差阳错，新闻发布会就发布了 EITI 成立的消息。

不过，如果有着这样糟糕开端的 EITI 能够取得成功，那么看起来取得点不俗的成就也不会是什么难事。

作为利用自然资产实现经济转型的开端，EITI 无疑是正确的，但是很明显，如果仅止于此，那就是错误的了。切实无误地报告收入的流动情况，固然是必要的，但远不足于保证自然资产能够具有促进经济转型的力量。在《最底层的十亿人》那本书里，我提出了一个建议，自然资源的开发利用所需要的，是一个章程，这个章程要清晰无误地列出整个决策链条，让每个人，包括普通民众、科技人员和政府部长，都能够了解。

实现国际合作有着很多问题，其中之一是面临制定章程这类涉及多方面的工作，没有任何一个组织具有召集和统筹的能力。国际货币基金组织的财政部在自然资产的管理方面制定了一份详尽而冗长的文件，所以我就与他们进行讨论。遗憾的是，他们告诉我，即便是在国际货币基金组织内部，他们都遇到了合作上的困难。对于他们的工作，国际货币基金组织的其他部门并没有给予真正和及时的回应，至于全球合作，那就更不用提了。但是在全世界，特别是随着商品繁荣达到一个高峰，学术专家、民间社团和政府官员等都积极推动制定一个资源开发利用章程。不过，没有一个正式的组织来做这件事情。一个非正式的团体开始考虑这样的章程应该包括哪些内容。我们也开始对章程进行充实。在迈克尔·斯宾塞的支持下，这个团队强化合作，形成了一个核心小组。斯宾塞在领导增长委员会方面享有盛誉，与核心小组分享他的观点，认为如果不好好管理自然资产，就会丧失重大的发展机遇。我们希望与律师(包括学术律师和实务律师)、税务专家和政治学家一道，共同提出应对这一问题所必需的最低技能。

我们开始向很多相关的组织进行咨询，有资源开采公司、非政府组织、国际组织、政府、学术机构等。在咨询过程中，我们有一个重大发现：相对于彼此间的合作，这些组织和个人更愿意与我们合作。我们地位的卑微和微不足道给我们加了分，成为我们力量的源泉。我们开始思考，随着 EITI 的出现，在当前的国际条件下，从下面进行的合作可能会比从上面容易些。

毋庸置疑，在学术界、从业者、组织机构之间达成共识是一个渐进的过程，需要举办论坛、起草文件和宣传展示等。这些工作很多不需要花钱，但是随着章程的推进，已经开始引起社会的关注，慈善家、非政府组织和政府都表示对章程感兴趣。他们认识到独立的草根阶层的力量，于是提供资金支持，而且不计任何得失。三名来自自然资产丰富国家的政治大佬慨然应允加入董事会，负责章程的工作。墨西哥前总统埃内斯托·塞迪略（Ernesto Zedillo）现在是耶鲁大学的教授，他同意担任章程小组的组长；还有楚克午马·索卢多（Chukwuma Soludo），他在担任尼日利亚央行行长期间获得了国际嘉奖，成为年度央行行长；第三位是叶戈尔·盖达尔（Yegor Gaidar），他曾担任俄罗斯总理，领导了俄罗斯的经济改革。由于塞迪略总统、索卢多行长和盖达尔总理加盟董事会，迈克尔·斯宾塞领导的技术小组给予支持，章程团队弥补了体制机制中所缺失的权威性。

章程的核心内容确定了，组织领导力量也加强了，下一步的工作就是如何将章程的内容向广大公民进行宣传。传统的做法是举办国际活动，在达喀尔（Dakar）、奥斯陆（Oslo）举办的多个活动以及非洲发展银行年会上，都启动了章程的推介事宜。非洲发展银行和挪威政府对此高度关注，认为再也不能浪费商品繁荣的机会。但是，这样的推介活动，普通公民无法直接参加。几十年前，一个名不见经传的组织如果要向普通民众进行宣传，那几乎是没有任何希望的。现在，互联网让这项工作变得容易了。章程的全部内容都放在了自然资源章程网站（NaturalResourceCharter. org）上，目前，上面的内容是按三个层次组织的。第一个层次是用两分钟的时间简要介绍章程的十二条原则。第二个层次是向公众和记者简要介绍每个原则的基本内容。第三个层次为实施章程的组织和人员提供了更加详细的内容，包括如何了解章程以外相关知识的建议和指导。互联网极大地增强了普通民众相互间交流的能力。

如果你对这种新型信息沟通交流的威力表示怀疑，请登陆查看

TED@State 上刊载的克莱·舍基(Clay Shirky)的发言。我很幸运,当时就在现场(我是下一个发言的)。如他所言,公民的集体力量并不只局限于富裕、民主的国家,其他的国家也是如此,凸显公民集体的力量已经是一个现实。克莱认为,在中国,随着技术的进步,公民的力量可以让腐败官员下马,让他们对地震中坍塌的劣质学校等豆腐渣工程承担责任。如果中国能做到这一点,多数拥有最底层十亿人口的国家也能够做到。一旦错误的决策引起社会的关注,一旦普通民众认识到追赶其他国家的机遇被错失,他们就会集体爆发出前所未有的力量。公民力量是章程的基石,这样的公民力量不一定站在政府的对立面,当政府的敌人。同时,政府也需要信息畅通的公民社会,从而减少民粹主义的压力。

从发展趋势上看,这个章程将成为一个国际公约,目前正在制定当中,其不同之处在于,这个公约是自下而上的,是从基层产生的,而不是来自政府间的合作。通常认为,地球上任何两个人之间的陌生度不会超过六个人。我们现在第一次拥有了能够跨越那个六度间隔的技术,这在历史上是从来没有过的。由于《最底层的十亿人》的出版,在读者的推动下,我们创制了章程。同样,我期待通过《被掠夺的星球》的出版和读者的推动,当下的社会能够广泛地借鉴克莱·舍基的做法,从而有效地推广和普及我们的观点。

不参与掠夺的自律

如果自然资源章程演绎为一个国际条约,那么其长远的、潜在的目标是什么?很明显,这个章程最主要的目的是帮助自然资源丰富国家的公民更好地开发利用其自然资产,实现繁荣发展。在整个资源开发利用决策链的管理方面,有的国家会取得成功,但有些国家会继续遭遇失败。对于后者来说,需要让每一个人都清楚地知道管理失败的伦理道德含义,即所有参加自然资产开发利用的人和组织都有共谋掠夺的嫌疑。如果还有资源开采公司说它与合法政府签署了协议并遵从合同条款,那纯属是胡扯、骗人。开采公司有责任进行尽职的调查,确认政府在签订合同的时候是在负责任地履行职责。毕竟，管理自然资产的政府官员有着无限的权力。如果公司协助或教唆进行疯狂掠夺或侵占私吞资源，那无疑是共谋串通、沆瀣一气的。

但是，本书还认为，如果政府不能够把自然资源带来的收入保存下来并进行有效的投资，那当然也是一种犯罪，只不过这种资产掠夺方式更加复杂和隐蔽。将来，章程有可能演变为一个国际公约，可以让公司据以判断一个政府是否履行了其对未来的责任。如果这个政府不履行它的责任，那么在这个国家开发自然资源的公司也成为资源掠夺的同谋。

说到这一点，我能感觉到，对于那些总部设在富裕国家的资源开采公司来讲，它们一定脊背发凉，冷汗直流。我甚至还能听到它们的反驳声。它们可能强词夺理地辩解："如果不让我们在这些国家运营，那我们就把资源开采这活儿交给那些不诚信、不负责任的公司。"但是，事实上，这些公司与个人一样，也面临着是否进行合谋掠夺资源的抉择。它们会辩护说"如果我们公司不参与资源掠夺，其他公司也会那样做"，但是这在法庭上根本不起作用，不会打动我们任何人的。除此以外，还有一个更为世事洞明的反应，我在后面讨论如何填补自然界管理的另一个漏洞时会加以介绍。

实现国际合作

拥有最底层十亿人口的国家的政府可能常常不能履行其职能，但是那些国家至少还是有政府的。对于这些国家的自然资产，其公民可以全力要求他们的政府履行监管责任，尽管这对公民来说是勉为其难。而对于全球公地和公海上的自然资产和自然负担，是没有管理者和责任者的，其他国家的公民无可选择，只能依靠自己的政府进行监管。

第二个漏洞是政府监管缺失造成的，因为全球性自然资产和自然负累超出了国家管理的范围。解决这一问题，就意味着需要依靠政府间的合作。但遗憾的是，在过去的 10 年里，政府间合作的能力极大地减弱了。这种合作能力下降的第一个也是最明显的迹象，不是在涉及阿富汗或伊朗等的首页新闻中显现的，而是在新闻媒体的商业和经济版中体现出来的，那就是多哈回合贸易磋商的崩塌。50 年来，在世界贸易组织的努力下，各国政府一直参与这些贸易谈判。贸易磋商的要点是降低贸易壁垒。每一回合的谈判都遵循大致相同的路径：鉴于达成协议给双方可能带来的巨大利益，各国磋商人员你争我夺，讨价还价，直到最后达成一个协议。这个最后达成的协议虽然对每个国家来说都不是最完美的，但总是有所兼顾的。而多哈回合（贸易磋商是以启动谈判时所在的城市命名的）比历次谈判所持续的时间都长，也是首次出现彻底的失败。不知在哪一个环节上出了问题，参与磋商谈判的政府无法谈拢，没有取得任何成果。

2008 年，全球发生了粮食危机，再一次显示了政府间合作能力的减弱。粮食危机迅速发酵，演变成一场贸易战争，在主要出口粮食的发展中国家中，多数实施了禁止粮食出口的措施，这些措施短期来看抬高了全球粮食价格，长远看则减少了对粮食生产的投资。

政府间合作能力下降的最后一个例子是欧洲对全球金融和经济危机的最初反应。危机发生期间，欧洲一些国家的政府向它们自己的银行提供存款担保，从而引导储户把他们的钱从政府不提供存款担保的银行里转移出去。十年前，欧洲国家之间的合作比现在要好，达成了《稳定与增长公约》（Stability Pact），发行了欧元。

当今世界，有些问题只有通过共同的国际响应才能得到有效的解决，而全球合作的减弱不利于这些问题的解决。碳排放和公海里的渔业资源就是这样的问题。不论是减少碳排放，还是减少捕鱼配额，都要付出经济代价，所以每个国家都愿意搭便车，期待其他国家减排和减少捕鱼量。但是，如果没有合作，那么被竭泽而渔的就不是鱼，而是我们了。

相互协作的国际响应既越来越必要，也越来越艰难。对于过去全球合作遭遇的失败，人们倾向于完全归咎于布什政府的单边政策，同时期待奥巴马政府开创全球强有力治理的新时代。也就是说，联合国要进行改革，拥有新的权力；成立一个新的全球机构，在国际市场分配碳排放的权利；建立一个新的全球金融系统监管机构。对于这些力度大的改革和目标，我并没有多少期待，你看看联合国面临的问题就明白了。比如，几十年来，安理会的改革一直受到一些国家的抵制，它们不希望其区域对手在安理会得到更大的权力。意大利阻止德国，韩国阻止日本，印度尼西亚阻止印度。在全球治理方面，没有什么新的组织架构能够在实行民主原则的同时，满足中国的要求。由于卢旺达的种族残杀，联合国积极推动实施国家保护责任（Responsibility to Protect）机制，希望在某些极端条件下，这个机制能够超越国家主权。但是，事实上，那些社会治理糟糕的国家可以投票进行阻止。由于反对的力量十分强大，国家保护责任机制的实施步履维艰。其实，政府间合作弱化的根源远比最近的事件所显示的还要深远。

不过，虽然政府间合作的能力下降了，但公民合作行动的能力增强了，我专门介绍克莱·舍基的例子时就显示了这一点。奥巴马的总统竞选也提供了一个特别突出的案例。在推动各国政府共同应对全球问题方面，公民社会层面的合作有可能替代政府间的合作。如果全世界的公民都能分享共同的、可信的信息，那么这些公民给其所在国家施加的压力，可以与自上而下的政府间协议一样，产生有效的作用。

通过政府间国际合作所主导的传统的、自上而下的解决方案是：在全球范围内分配公海捕鱼和排放碳的权利，同时创建一个国际市场，不同的国家可以在这个市场上就捕鱼和碳排放权进行交易。其实，各国政府要达成这样一个自上而下的协议很不容易，有很多的障碍。这主要是因为分配这些有价值的权利，还没有一个各方都必须坚持的共同基础。如果碳排放权利的分配是基于过去历史上的排放，那么富裕国家会抵制；如果基于未来碳排放所造成的威胁，那么新兴的市场经济体会掣肘；如果基于贫富情况或人均GDP，那么拥有最底层十亿人口的国家会不同意。这些权利在国际市场上的转移会带来很大的收入，使得国际援助小巫见大巫，因此发展中国家以及贫困国家会不遗余力地争取，即便是使出浑身解数也在所不惜。但是，如果那些付出巨额资金的国家意识到它们所买的东西很多时候都是一种欺骗，它们支付经费的愿望就会崩塌瓦解。

与自上而下的解决方案相比，自下而上的解决方案证明更加有效，这一方案将有关问题的共同信息提供给普通公民。由于信息传播速度十分迅疾，信息共享已经改变了政治图景。一开始是在欧洲，后来是在美国，普通老百姓了解到，限制碳排放，他们的国家应该干什么。于是，这些公民就向他们的政府施加压力，要求采取税收和监管相结合的综合措施，控制碳排放。欧洲国家的政府和美国的奥巴马政府都采纳了民众的这些建议，纳入了国家规划。国家政策不再引领公众的意识，而是跟着公众的认识进行改革。只要各个国家的政府都能对自己公民的压力进行回应，政府间正式的国际合作将变得既不那么棘手，也更容易实现。

因此，对于任何一个特定的全球性难题，最可行的解决方案取决于各个国家的公民，如果他们认为是可接受的，那么这个方案就能实行。我曾提出建议，认为解决渔业资源和碳排放的问题，最好是采取不同的方案。在公海捕鱼的权利相对没有那么复杂，也没有碳排放权那么有价值，我的建议是把出售公海捕鱼权的钱都归联合国。这就意味着普通公民不再认为他们的国家具有在公海捕鱼的权利，他们也会很容易地理解，在没有所有权的情况下，必须杜绝对资源的掠夺。公民的思考就会不再局限于自己的国家，不再局限于自己的一生。

这样的解决方案可能不适合碳排放。碳排放尽管是全球性责任，却是各个国家自行排放的，而且所涉及的资金数额将是巨大的。如果这笔巨款转移支付到联合国那儿，或者联合国牺牲一些国家公司和政府的巨大利益而为其他人购买什么奢侈的东西，我非常怀疑各国公民会没有意见。尽管如此，可以肯定的是，世界各国公民都会接受这样的观点：他们的国家不能搭其他国家的便车，甚至更严重点，不能损害其他国家所作出的努力。不管是哪个国家，如果企业排放了同等数量的碳，那就应该支付同样多的钱。世界各地的民众会认识到，他们的国家不应该成为碳减排措施执行过程中的薄弱链条。但是，企业的钱应该支付给碳排放所在国家的政府，没有什么特别的理由将这些钱从一个国家的公民那里转移到另一个国家的公民那里。虽然国家不同，但同样的经济活动会产生同样的碳排放，不过，人均碳排放是不同的。出现这种情况是无可厚非的，事实上，随着时间的推移，这种碳排放模式会发生改变，因为有些产业会转移到新兴市场经济体中。对于国家来说，碳排放责任模式的变化与自然资产模式的变化一样，渐渐地，随着技术的进步，大自然的有些资源变得更有价值，而有些则价值降低。

世界各国的公民可以围绕共同的原则聚集在一起，这个原则是根据经济活动来处理碳排放问题，而不是以国家为单位应对碳排放。正如我前面所讨论过的，对于一项经济活动，有些国家可能使用税收来衡量，其他国家可能使用可量化的排放标准来衡量。不管哪种方法，重要的是税收和排放标准在履行义务方面应该是等量的。解决方案的差异不会影响到全球应对碳减排政策的实施。不过，另一方面，有些国家比其他国家实行的排放标准低，课税力度小，这是不可持续的，因为人们很容易就发觉那样做不公平。

解决全球性问题的关键是对新的民众集体力量的运用。与重新规划和改造政府间合作相比，这种从下而上的解决方案有更大的成功希望，同时也可缓解政府间合作的难度。但是，这种解决方案要求公民对信息有充分的了解。如果达成的共识是建立在集体虚幻之上的，那么所谓的共识就只是高谈阔论，是踩在高跷上的胡言乱语。在本书中，我在展示公民权力带来的希望的同时，也一直努力展示公民权力的危险。在富裕国家，对大自然田园牧歌生活情调的追求已经减少了全球粮食供应，最先受害的人是拥有最底层十亿人口的国家的城市贫民。不用承担责任在传统上是娼妓的特权，现在已经变成了浪漫主义者的特权。公民权力必须坚定地建立在经济发展的伦理原则之上，不应该建立在重回亚瑟王宫殿的梦想之上。

当前，新兴市场经济体的配合对于管理好自然资产和自然责任是十分重要的。即便发达国家将碳排放降低到零，如果这些新兴市场经济国家不限制碳排放，我们的世界依旧会被热浪烤干。发达国家的资源开发公司循规蹈矩，坚持原则，拒绝参与掠夺拥有最底层十亿人口的国家的资源，在这种情况下，不共谋掠夺拥有最底层十亿人口的国家资源的责任就转移到新兴市场经济国家的公司身上。这些国家的公司越来越证明其具有破坏国际标准的能力。2008 年 12 月，几内亚发生政变，宣布由一位年轻的军事将领担任总统。但是，新的政府没有得到非洲联盟的承认，也受到公司的有效抵制。第二年 9 月，几内亚发生民主示威游行，政府武力镇压，造成 157 人死亡。就在其后的 10 月份，中国的一家企业与几内亚政府签署了一项价值 70 亿美元的合同。

所以，新兴市场经济国家再也不能把所谓的责任都推给富裕国家，在履行责任的时候都躲在富裕国家的后面。正如富裕国家一样，新兴市场经济国家的企业和民众要让其政府承担责任。在很多新兴市场经济国家，特别是在中国，公民这方面的经验很少，但是正在学习，通过技术进步可以很便捷地了解国际经验。只有极少数真正偏执、极端的政府，比如朝鲜，可以禁锢自己的民众。

我一直在努力说明，新兴市场经济国家不能像富裕国家过去那样去做。其中的道理和渔民捕鱼的权利是一样的，一旦渔业资源减少到一定程度，捕鱼的权利便具有了一定的价值，那么渔民捕鱼的权利就发生了变化。在捕鱼权利具有价值，也就是具有租金之前，任何人都可以免费捕鱼，一旦捕鱼权获得了价值，那情况就不一样了。廉价的、自然资产充足的时代已经过去了。在现在这个大自然具有价值的时代，我们现在必须制定共同的规则。

我们现在面临的问题不是新兴市场经济国家的公民有没有力量来规约他们的政府，公民的力量是不可遏制的。如果人民认识到自然界监管的共同责任，他们的政府就不得不履行。但是，公民力量也难以逃脱其内在基本原理的吸引。比如，在富裕国家，公民被误导，从而鼓动实施充满诱惑力的浪漫主义议程，各种各样的诱惑也会导引新兴市场经济国家的公民。那些诱惑可能不会是浪漫的环保主义，而是浪漫的国家主义。我们前方赫然出现的将是一场战争，一场自然资产监管的伦理道德和充满诱惑的国家利益之间的战争。你和我一样，都不能免于这场战争，通过你们的耳朵，通过你们的声音，参与这场战争。

关于参考资料的说明

本书的主题涉及很多学术文献。关于自然资产的政治经济学，我推荐迈克尔·罗斯(Michael Ross)的著作；关于气候变化，我推荐尼古拉斯·斯特恩勋爵的著作；关于自然和发展之间的相互作用，我推荐帕萨·达斯古普塔教授的著作。

我本人目前的研究及成果，详见我的主页：http://users.ox.ac.uk/-econpco.

本书参考的资料中，作者的论文：

《"资源诅咒"的法律和准则》("Laws and Codes for the 'Resource Curse'")，载《耶鲁人权和发展法律学报》(*Yale Human Rights and Development Law Journal*)，2008 年第 11 期，第 9—28 页。

《低收入国家的资源税收原则》("Principles of Resource Taxation for low-income Countries")，载菲利普·丹尼尔(Philip Daniels)、迈克尔·基恩(Michael Keen)、查尔斯·麦克菲尔森(Charles McPherson)等编：《石油和矿产的税收：原则、问题和实践》(*The Taxation of Petroleum and Minerals: Principles, Problems, and Practice*)，伦敦：罗德里奇(Routledge)出版社，2010 年版。

作者与丽萨·乔万特合著的论文：

《发展中国家的选举和经济政策》("Elections and Economic Policy in Developing Coutries")，载《经济政策》(*Economic Policy*)，第

24 卷第 59 期,第 509—550 页。

作者与贝内迪克特·戈德里斯合著的论文:

《针对易受冲击的发展中国家的结构政策》("Structural Policies for Shock-prone Developing Countries"),《牛津经济论文集》(*Oxford Economic Papers*),2009 年 10 月,第 703—726 页。

《援助能减少外部震荡吗?》("Does Aid Mitigate External Shocks?"),载《发展经济学评论》(*Review of Development Economics*),第 13 卷第 3 期,第 429—451 页。

《商品出口国的前景:顶呱呱还是凄惨惨》("Prospects for Commodity Exporters: Hunky Dory or Humpty Dumpty"),载《世界经济》(*World Economics*),第 8 卷第 2 期,第 1—15 页。

《商品价格、增长与资源诅咒:化解难题》("Commodity Prices, Growth and the Natural Resource Curse: Reconciling a Conundrum"), CSAE WPS/2007.

作者与安珂·霍芙勒合著的论文:

《检验新保守主义议程:自然资源丰富社会里的民主》("Testing the Neo-con Agenda: Democracy in Resource-rich Societies"),载《欧洲经济评论》(*European Economic Review*),第 53 卷第 3 期,第 293—308 页。

《民主的致命弱点:如何不真正努力而赢得选举》("Democracy's Achilles Heel: How to Win an Election without Really Trying"), CSAE WPS/2009 - 8.

作者与约翰·佩奇合著的论文:

2009 年工业发展报告(Industrial Development Report 2009):《适应与提升:最底层十亿人和中等收入国家的新工业挑战》("Breaking In and Moving Up: New Industrial Challenges for the Bottom Billion and the Middle-Income Countries"),联合国工业发展组织(United

Nations Industrial Development Organization),2009。

作者与托尼·维纳布尔斯合著的论文:

《贸易与经济行为:非洲碎片化重要吗?》("Trade and Economic Performance: Does Africa's Fragmentation Matter?"),收入林(J. Lin)和普拉斯科维奇(B. Pleskovic)编:《2009年度世界银行发展经济学大会:人民、政治和全球化》(*Annual World Bank Conference on Development Economics* 2009, *Global: People, Politics, and Globalization*),世界银行出版社(World Bank Publications),2010年2月。

《虚幻收入:资源丰富和获得援助多的国家的关税》("Illusory Revenues: Tariffs in Resource-rich and Aid-rich Countries"),CEPR研讨会论文第6729号(Discussion Paper no. 6729),伦敦经济政策研究中心报告(London Centre for Economic Policy Research),将刊载于《发展经济学》杂志(*Journal of Development Economics*)。

《自然资源的国际规则》("International Rules for Trade in Natural Resources"),《全球化和发展》(*Journal of Globalization and Development*),2010年第1期。

作者与托尼·维纳布尔斯和高登·康威(Gordon Conway)合著的论文:

《气候变化与非洲》("Climate Change and Africa"),载《牛津经济政策评论》(*Oxford Review of Economic Policy*),2008年第24期,第337—353页。

作者与托尼·维纳布尔斯和里克·冯·德·普洛格(Rick van der Ploeg)以及迈克尔·斯宾塞合著的论文:

《发展中国家的资源收入管理》("Managing Resource Revenues in Developing Countries"),2009年国际货币基金组织职员论文集(*IMF Staff Papers*)。

译后记

保罗·科利尔的这本《被掠夺的星球》先后由牛津大学出版社和企鹅出版集团出版，有着不同的副标题，分别是：我们为何及怎样为全球繁荣而管理自然（Why We Must—and How We Can—Manage Nature for Global Prosperity），如何让繁荣与自然和谐统一（How to Reconcile Prosperity With Nature）。虽然副标题不一样，但基本意思是一样的，说的都是如何处理人类繁荣发展与自然资源开发利用之间的关系。

当今世界，有的国家是发达国家，有的是发展中国家，还有很多人在贫困线上挣扎。科利尔这本书的视角聚焦全球最底层的十亿人，探讨如何利用自然资源实现其经济发展。经济发展需要资金、人才等多种要素的投入，最底层的十亿人能够仰仗的也许只有自然资源。但是，科利尔在书中提出了资源诅咒的问题，自然资源不仅没有为贫困国家带来发展的机遇，反而成为倒退的祸首，这是非常令人悲痛的。科利尔希望在恢复环境秩序和消除全球贫困两个挑战方面提出均衡的政策，开出有效的药方。政策是否可行，药方是否管用，读者诸君自有判断。

落后就要挨打。中国在屈辱的近代史上有着挨打的惨痛记忆，自然资源也曾被列强掠夺。在科利尔笔下，“被掠夺的星球”指的是最底层的十亿人的自然资产以及公海的自然资产被掠夺，而最有激情的掠夺者是那些富裕国家的公司和商人，当然也有拥有最底层十亿人口的国家的腐败官员。在国际社会，先富如何帮后富，在应对气候变暖的同时如何实现贫困国家的经济繁荣，在发展经济的同时如何实现自然资源的可持续利用，在开发利用自然资源的同时如何保护环境，当代人在满足自己物质需求的同时如何考虑后代人的利益，这些都是宏大的主题，不仅涉及经济发展，还涉及伦理道德，在相当长的时间里将继续是人类面临的巨大挑战。

每个人都有脱贫致富的权利，也都有保护自然的责任。人与自然的关系是人类社会最根本的关系，但是，归根结底，人类是自然的一部分，在开发利用自然、提高生活水平的过程中，不能违背自然规律。这个冬天，为了躲避城市严重的雾霾，经常在周末远足到城郊的山区，看到偏远宁静的小山村里写着“绿水青山就是金山银山”的标语，心里感到莫大的慰藉。

科利尔是牛津大学非洲经济研究中心主任和经济学教授，曾任世界银行研发中心主任。他著作等身，享有很高的学术声誉，还给《纽约时报》《金融时报》《华尔街日报》《华盛顿邮报》等撰稿。2007 年，科利尔出版《最底层的十亿人》，引起强烈反响，从内容上，《被掠夺的星球》可看作是《最底层的十亿人》的续篇。

科利尔的这部学术著作，语言简洁洗练，带有一定的口语化色彩。尽管如此，在翻译中依然难免还会出现理解上的失误和表达上的偏差，敬请读者批评指正。

姜智芹　王佳存
2018 年 10 月
于济南千佛山下

图书在版编目(CIP)数据

被掠夺的星球/(英)保罗·科利尔著;姜智芹,王佳存译. —南京:江苏人民出版社,2019.3
(同一颗星球/刘东主编)
书名原文:The Plundered Planet: Why We Must—and How We Can—Manage Nature for Global Prosperity
ISBN 978-7-214-20657-2

Ⅰ.①被… Ⅱ.①保… ②姜… ③王… Ⅲ.①自然资源保护—环境保护—研究 Ⅳ.①X37

中国版本图书馆 CIP 数据核字(2019)第 038838 号

书　　名　被掠夺的星球:我们为何及怎样为全球繁荣而管理自然

著　　者　[英]保罗·科利尔
译　　者　姜智芹　王佳存
项目统筹　戴宁宁
责任编辑　戴宁宁
特约编辑　李晓爽
责任监制　陈晓明
装帧设计　刘葶葶
出版发行　江苏人民出版社
出版社地址　南京市湖南路1号A楼,邮编:210009
出版社网址　http://www.jspph.com
照　　排　江苏凤凰制版有限公司
印　　刷　江苏凤凰通达印刷有限公司
开　　本　652毫米×960毫米　1/16
印　　张　14　插页 2
字　　数　205千字
版　　次　2019年4月第1版　2019年4月第1次印刷
标准书号　ISBN 978-7-214-20657-2
定　　价　38.00元

(江苏人民出版社图书凡印装错误可向承印厂调换)